新　潮　文　庫

東大駒場超人気講義

サルの小指はなぜ
ヒトより長いのか

運命を左右する遺伝子のたくらみ

石　浦　章　一　著

新　潮　社　版

9766

目次

第1講義　相手の心を読む遺伝子……15

相手の気持ちがわからないという病気がある。なぜ相手の気持ちがわからないのか。調べていくと、原因となる遺伝子が浮かび上がってきた。その遺伝子はいったい何をしているのか。果たして、人は心を読むことができるのか！

歯ブラシが喉に詰まった五十人 16／相手の心は読めるか 18／逆に、心が読めないとは？ 19／心が読めない子どもたち 20／相手の気持ちがわからない子どもの特徴 22／相手の気持ちがわからない「自閉症」 25／自閉症とアスペルガー症候群 26／漫画でわかる自閉症 27／もう一つのテストからわかったこと 30／人間の顔に興味がない 32／自閉症を解き明かす分子生物学 34／断片的な記憶になる理由 35／仮説を証明してこそ科学 36／自閉症の遺伝子を発見 37／遺伝子の発見が鍵となった突破口 41／難読症の脳で見つかった異常 42／自閉症の脳で見つかった異常 44／自閉症で見つかった、もう一つの遺伝子 46／この遺伝子は何者か？ 50

第2講義　遺伝子に残る進化の歴史……57

人間のDNAは三十億の文字からできている。その一文字が変わっただけで形

態が大きく変わってしまうことがある。もしかしたら進化は突然起こったのかもしれない。その根拠をDNAと遺伝子のメカニズムから紐解《ひもと》いていく！

生物が陸に上がることができた理由 58／化石からはわからないこと 60／進化は突然に 63／髪の毛がないのは進化か？ 64／遺伝子の正体 66／遺伝子のいらない部分と大事な部分 69／遺伝子はタンパク質の設計図 71／遺伝子とDNAは違います 73／人間のDNAの三分の一はウイルスの欠片 75／人間とチンパンジーの個体差 80／何も起こらない遺伝子変異 83

第3講義　病気や体質とタンパク質……………91

人間の遺伝子は二万ちょっと。しかし、その遺伝子から作られるタンパク質の種類はなんと十万以上！　そんなタンパク質は、私たちの体の中だけでなく、薬や食べ物など、身の回りにもいっぱいある。タンパク質が身近に感じられてくる！

必要なとき必要なだけ 92／タンパク質の種類は遺伝子の種類より多い 93／私たちの中にあるタンパク質 96／名前を付けるセンス 97／タンパク質にまつわる二つの質問 100／生活に欠かせないタンパク質 107／タンパク質一つで肺気腫に 110／回り回って出てくるもう一つの病気 112／解毒作用をもつタンパク質 115／薬の効きやすい人と効きにくい人 119／どっちが得か？ 121

第4講義　病気じゃない遺伝子の変化……125

DNA診断をしたら遺伝子に変異があることがわかった！　果たして、病気になるのか？　それを解く鍵《かぎ》は、遺伝子からタンパク質が作られるメカニズムにあった。筋ジストロフィーや血液型などを例に遺伝子の変異について理解する！

カロリー制限で長生き 126／DNAか、タンパク質か 129／痛風に関係するタンパク質 131／様々なところから採れるDNA 134／DNAに変異があった！　病気になるのか 136／O型は遺伝子が欠損している 140／血液型から想像できる歴史の出来事 143／移植で変わる血液型や性別 148／O型の女とAB型の男の間にできた赤ちゃんは…… 150／遺伝子変異の大きさで病気の重さは決まらない 153／なぜ変異が大きい方が軽いのか 155／なぜ病気の遺伝子は引継がれるのか 157

第5講義　異母兄妹は結婚できるか……165

凡人から天才が生まれる。子を飛び越えて孫に遺伝する。なぜ近親結婚はいけないのか。これらは遺伝のもつ性質で簡単に説明できる。結婚できるかできないかを考えていくうちに遺伝のことが楽しくわかる！　他、遺伝学に潜む危険性にも迫る！

トンビがタカを生む遺伝 167／ある都市だけ白皮症が多い理由は？ 169／
隔世遺伝も劣性遺伝で説明できる 171／いとこ結婚の危険性 173／
いとこ結婚の危険性を計算してみよう 175／では、兄妹で結婚するとどうなるか 178／
異母兄妹の結婚は認められるか 180／遺伝子を均一にする方法 184／優生学が出てきた背景 186／
優生学の暴走 188／愛国心も遺伝する？ 190／人類遺伝学の誕生 192／遺伝学に潜む危険性 194／
治せない病気を診断するべきか 198／社会が抱えるもう一つの大きな問題 199／
今、選択は個人に委ねられた 201

第6講義　男と女で違うこと……………………205

脳には、感覚、視覚、聴覚などを司《つかさど》る部分があるが、その中で唯一《ゆいいつ》左右非対称な部分、言語野。一般的に男は言語能力が女より劣っていると言われるが、果たしてそこに男と女の違いはあるのか？　ある仮説が打ち立てられた！

ドカ食いが健康にいいかもしれない 206／性のアイデンティティ 210／
知っておいてほしい体のこと 212／突然死の原因に一番多い心臓 215／男の脳と女の脳 219／
脳の分け方と地図 222／それぞれの場所の役割 226／脳の左側にしかない部分 228／
言語機能と空間認知機能を調べるテスト 231／男の言語能力が遅れることの仮説 235／
男の脳と女の脳の唯一の違い 238／ホモセクシュアルは病気か 239

第7講義　生物が初めて見た色 …… 243

自分の見ている世界と、他人が見ている世界は同じだろうか？　答えはノーである。科学は、色の見え方には個人差があることを、明らかにした！　人間が色を見分けられるようになった背景とは？　色覚バリアフリーとは？　今、遺伝子が解き明かす！

遺伝子の増え方 244／重複遺伝子の数が変わる 246／どうやって色を見分けているのか 250／生物が最初に見た色 251／世界がカラフルになったとき 253／不等交叉で雄の世界もカラフルに 257／人によって色の見え方は違う 259／赤と緑の区別がつかない 260／区別がつきにくい色 264／区別がつくようにする工夫 268／色覚バリアフリーに向けて 269／女性がなりにくい理由 271／私たちが気を付けること 274

第8講義　寿命を延ばす遺伝子 …… 281

ある生物の寿命が二倍になる遺伝子変異が見つかった！　しかも、その遺伝子と似たものは人間にもあることがわかった。その遺伝子の正体とは何か？　そしてついに、研究の進展は、全く別の研究との接点を浮かび上がらせた！

寿命は細胞で予想できる 283／ネズミよりゾウの方が長生きの理由 287／環境で寿命が変わる 289／老化の原因物質をつきとめた 290／活性酸素が出るしくみ 294／

意識とは何か？　先端の脳科学はこの問題をいったいどこまで解き明かしたのか。動きだけを見る部分、決断を司る部分、起きているときだけ働く部分、様々なアプローチで意識の正体を明らかにしていく。生命の神秘に迫る最終講義！

コラム

東大駒場超人気講義

サルの小指はなぜヒトより長いのか

運命を左右する遺伝子のたくらみ

はじめに

本書の講義では聴講者のほとんどが入学したての文系の大学一年生なので、身体《からだ》のことをメインに遺伝子とのかかわりをお話しした。特に、最初の二〜四回目では生命科学の基本である遺伝子（情報）とタンパク質（形質）の関係をできるだけやさしくまとめたが、聞いていた学生さんには私の苦労がわかっていただけただろうか。高校で生物を履修していない学生も聴講しているため、できるだけ化学式などを使わずに最新の生命科学の進展と問題点をお話ししたつもりである。

といっても、私の本当の職業は神経難病の原因の解明であり、少なくとも私が世界を相手にたたかっているアルツハイマー病やその治療、自閉症の原因の解明などは、難しいことと知りながら、お話ししてしまった。また、カラー・ブラインドネスや意識についても、私の拙《つたな》い紹介から皆さんがこれらに自分で興味をもって調べてくれることを願っている。

私自身は、文系の学生への講義は好きで、内容を見てもわかるとおり、勝手気ままに話をしており、少しでも「科学的思考とはなにか」というこちらの真意が伝われば大変嬉《うれ》しい。個人的には研究の合間の楽しみなのでもあるのだが、学生さんたちはしっかり話を聞いており、授業が終わった後の質問も鋭いものがいくつもあったのも嬉しいことだった。

平成十八年三月

石浦章一

第1講義

第1講義　相手の心を読む遺伝子

最初の講義では、学生を「あっ」と驚かせるために今まであまり聞いたことのない話をするように心がけています。今回の話題はホットなトピックだったので皆の顔色を見ながら話し始めましたが、反応は上々でした。

本書の講義を担当する石浦です。よろしくお願いします。私がどのような仕事をしているかというと、分子生物学を使って遺伝子の研究をやっています。例えば皆さんの髪の毛を何本かもらえれば遺伝子診断ができるので、遺伝子診断して欲しい人はどんどん私のところに髪の毛を持ってきてくれればいいと思います。そうしたら将来六十歳になったらぼけそうだとか、わかるかもしれません。実際、もうそういうのはだんだんわかってきてるんです。

歯ブラシが喉《のど》に詰まった五十人

あるところでこんな事件が起こりました。喉に歯ブラシを詰まらせた人が、ある医学雑誌に報告されたんです。普通は詰まらせません。しかも、詰まらせた人が一人だけだったらまだわかるんですが、今まで世界で五十人もいるんです。どうやって詰まらせたかわかりますか？　歯ブラシが喉に詰まるとしたら、普通何してるとき、って思います？　歯を磨いているときだよね。それ以外に歯ブラシ使う？　歯ブラシを使って勉強するなんて、ばかなことは誰もしませんよね。

でも、歯を磨いているときに歯ブラシが喉に詰まるとしたら、歯ブラシの柄は上になります。もし、歯ブラシで歯を磨いているときに「ワッ」って脅かされて、「オッ」って飲んでしまっても必ず柄は上になりますよね。でも、報告された例は逆なんです。柄が下向きに詰まった人が五十人も世の中にいるんです。何かが起こったんだよね。歯ブラシの柄を下にして飲み込んだっていうことは、その人は柄を口に入れて何かをやっていたわけです。歯ブラシの柄で口の中をどうしていたと思います？　挟まったご飯を取る？　そんなことはしないよね。

実は歯ブラシを下に向けて詰まらせたこの五十人の人たちは、全員ある病気の人だったんです。どんな病気かわかりますか？　それは過食症の人だったんです。過食症の人はご飯をたくさん食べて、それを吐いたりします。わざと吐いて、またご飯を食べるというふうに、ご飯を食べざるを得なくなるような精神症状を持っています。そのご飯を吐くときに歯ブラシを喉に突っ込んでいて、それを間違えて飲んだ人が五十人もいるっていうわけ。驚くべき話ですよね。

この話を聞いて、歯ブラシを逆に詰まらせた理由が、「ああ、そうか」とわかったと思うんだけども、こういう事件が起こったときにどうして起こったのか、ちゃんと判断できる注意力があってほしいというのが、私の願いになります。こういうことが積み重なって、私たちの健康とか、色々な問題がだんだん明らかになっていくのです。

相手の心は読めるか

さて、生命科学の面白そうな話をこれからしていこうと思うのですが、本書では主に私たちの身体《からだ》の中のことを中心に勉強していきたいと思います。皆さんは今まであまり自分の身体のことを勉強していないかもしれませんが、私たちの身体には非常に不思議なことが色々あります。これからお話しすることを聞いて、自分の身体の中ではこういうことがあるんだな、ということに気が付いていただければいいなと思います。生物を今まで勉強していない方も、勉強した方も、今までの生物学とは違う生命科学というのを知っていただけたらと思います。

今回は第1回目の講義ですので、「生命科学で、こういうこともできるよ」っていう話として、皆さんの心を読むというお話をこれからしようかと思います。今回の話を聞くと、相手が何を考えているかがひょっとしてわかるかもしれません。
　では、相手が何を考えているかって、皆さんはどうやって判断します？　例えば電話で話しているときには、相手が何を考えているかわかりにくいと思います。ところが、目を合わせたり、顔を突き合わせると何となくわかるわけです。「ああ、こいつは、私を嫌いだな」とか、「今、ご飯を食べようと考えているな」とか、何となくわかる。それは、相手のどこを見てわかるの？　って、考えたことありますか？　今回はそういう話です。それが、意外と色々なことがわかってきて、今回の講義が終わるころには、パッと見て、あの子は何を考えているかわかるかもしれません。そうなったらいいですね。本当にそうなるかな？

逆に、心が読めないとは？

　もし「心が読めるかどうか」を研究することになったら、皆さんは何を題材にして研究しますか？　これは難しいね。ところが、研究するのに適した題材があったんです。ある意味で、これは非常に問題なのですが、相手の心が読めない人がいるらしいということがわかってきたのです。相手の心が読めないと、どういう症状になるだろうか。この話を、今からしたいと思います。

「心が読めない」というのはどういうことかというと、相手の気持ちがわからないということです。相手が何を考えているかがわからない。だから、誰かが「これ、面白いよね」って言っても、例えば「うん、そうだよね」って言えないのです。つまり、相手に共感できない。相手が、楽しんでいたり、悲しんでいたりしても、それを自分のものとして考えられないわけです。この関心を共有できないという点が、非常に重要です。

それで、関心が共有できないと何が起こるかというと、社会的に相互関係を作れない、友達になれないということが、よく起こります。「そんな人いるかな」と考えてみると、結構いませんか？　一緒に遊ぼうとして「これ面白いよね」と言っても、どうもちゃんと共感してくれない、そういう人がいませんか？

この心が読めない人をよく調べてみれば、ひょっとしたら相手の心を読むということがわかるのではないか。ということで、実は心を読むというメカニズムの研究が今から五十年くらい前に始まりました。

心が読めない子どもたち

この、気持ちがわからないという症状が一番顕著に現れるのは子どもです。例えば、子どものとき、普通は面白いことがあると一緒に遊んだりしますが、他の子どもと一緒に遊ばない子どもというのがいます。それで遊ばないとどうなるかというと、いつも自分ひとりで何かをしている。そういう子どもさんに特徴的なのは、親と視線を合わせないという点です。つまり、視線を合わせないから、相手が何を考えているかわからないわけです。確かにそういうお子さんがいるよね。

この「視線を合わせる」というのは、難しい言葉でいうとアイコンタクトと言いますが、皆さんが親しい三人で話をしていて、どうしてもそのうちの一人と、二人だけでどこかへ行きたいときに、目配せをしませんか？　「この一人が邪魔だ」、「後で二人だけでご飯食べに行こうよ」っていうときに、何となく目で話すというのが、アイコンタクトです。この典型的な例として、子ども連れのお母さんの場合をご紹介しましょう。お母さんと子どもがいて、もう一組のお母さんと子どもがいる。それで、お母さん同士が、「子どもたちは放ったらかしといて、どこか二人でお茶を飲みに行きましょうね」なんていうときに、言葉で言うと子どもにばれちゃうので、目配せをしたりするわけです。ところが、この目配せがわかる子どもと、わからない子どもがいるということが、明らかになってきました。

有名な話があって、アイコンタクトがわからないあるお子さんがいたのですが、このお子さんは親同士が何か話し合っていることはわかるんです。でも、親同士が二人でお茶を飲みに行きたいってことはわからない。それで、そのときに、お子さんはどう言ったかというと、「ねえねえ、お母さん。お母さんたちは目でお話しをしているの？」と尋ねる。これはある有名な本に出ていた話です。目で話していることはわかるけども、目で何を話しているかがわからない。

つまり、共感できない、友達と遊べない子どもというのは、どうやらアイコンタクトができないらしいということがわかってきたのです。

これはある意味では非常に興味深いことです。もしかしたら、そういう子どもが大きくなり大人になっても、相手が何を考えているかわからないのではないか、つまり、目で話をするということができないのではないか、と考えられました。そして、そのことが明らかになってきたのです。

相手の気持ちがわからない子どもの特徴

それで、このような相手の気持ちがわからないという人たちをよく調べてみると、まだ他にも色々特徴があるということがわかってきました。まず、言葉で意思を伝えられない。自分が何をしたいかということを言葉で言えなくて、例えばドアを開けて外へ出て行きたいときも、「お母さん、ドアを開けてちょうだい」などと言えなくて、お母さんの手を持ってドアのところへ行き、ドアのノブを回すようにお母さんの腕を引っ張る。つまり、自分のやりたいことはわかるけど、それを言葉で表せないというのが、こういう人たちの特徴であるということがわかりました。

これは、コミュニケーション異常です。こういうお子さんが、いるということがわかりました。非常に有名な例で、「今日はいい天気だね、○○ちゃん」と尋ねてみると、普通は「うん、そうだね、おばちゃん」などと、それに答えます。ところが、こういうお子さんは、「今日はいい天気だね」と聞くと、おうむ返しに「今日はいい天気だね」と、言ったりします。このようなおうむ返しの言葉が非常に多いということも、こういうお子さんの特徴です。

また驚くべきことに、例えばお人形遊びができない。これは女の子の特徴で、女の子は小さい子でもお人形遊びができます。お人形さんを手に持って、「○○ちゃん、今日はミルク飲みましょうね」などと言って、お人形にミルクを飲ませたりします。ところがそれができない。また男の子だったら汽車ポッポごっこ、シュッシュッポッポ、シュッシュッポッポと言って汽車の真似《まね》をする汽車ポッポごっこ、それができないのです。つまりごっこ遊びができないという、非常に有名な症状が出ることがわかってきました。

問題は、この話を聞いて何かうまい説明ができないかというところです。今私が話したような、何か特徴的なことがつかめたら、その特徴から「相手の心を読む」ということがどういう道すじで行われるのか、それが皆さんわかるかどうか、そこが問題です。

では、ごっこ遊びができない理由はわかりますね。なぜお人形遊びができないかというと、お人形さんがミルクを欲しがっている、などということがわからないからなんです。だから、お人形遊びができない。また、汽車ポッポごっこというのは、「僕は運転士」と、運転士のつもりになっています。それができないということは、運転士が右へ曲がろうとしているか、左へ曲がろうとしているか、運転士がどう考えているかが推測できない。つまり、これらすべての症状は、他人が何を考えているかわからないために起こるのではないかと、考えられるようになりました。

最後に、これは付け足しなのですが、こういうお子さんは非常に行動パターンが制限されている。例えば、家具がちょっとでも動いているとパニックになってしまう。また、学校への行き方がちょっとでも変わると、「お母さん違うよ、いつもこっちから行っているよ」というように、パターンがいつも決まっていて、それを変えるとパニックになってしまう。こういう、非常に行動パターンに特徴があるということが、明らかになってきました。

相手の気持ちがわからない「自閉症」

でも、悪いことだけではなくて、こういうお子さんは、例えば人を騙《だま》すということができません。騙すということは考えられない。子どもでも、ちょっとウソを言って何とかすることがよくありますが、そういうことができない。非常に正直です。むしろ人の顔を見て、「おじさん、禿《は》げてるね」なんて言っちゃう。普通、そういうことを言ってはまずい、ということは子どもでもわかります。でも、そういう言葉がすぐ口に出てしまう。

つまりこれは、これを言ったら相手がどう思うか推測できない、相手が何を考えているかわからないということです。こういう症状全部を呈するお子さんのことを、何というかご存じですか？　こういう症状を自閉症と言います。英語で言うとオーティズム（autism）と言います。ではこれから、この自閉症の人たちをよく観察すると、相手の心を読むというメカニズムがわかるのではないか、というお話をしていきたいと思います。

自閉症とアスペルガー症候群

他人の心を読むことにちょっと欠陥があるのではないか、というのが自閉症です。現在の定義だと広汎性《こうはんせい》発達障害と呼ばれています。正式に言うと広汎性発達障害の一つの症状であり、一般に精神遅滞を伴います。少しIQの低いお子さんが多い。また、言語関連の思考に非常に弱いことがわかっています。つまり、言葉で何かを言い表すことが上手《うま》くできない。ところが逆に、言語以外では、非常に非凡な能力を発揮する場合があります。非言語の能力というと、例えば音楽とか、絵画などがありますが、これらが非常に上手な方もいます。奇妙なことに、一般に男に多いというのも、この自閉というものの特徴です。はっきりした原因はまだわからないにせよ、一般的な自閉症にはこのような特徴があるということを知っておいてください。

一方、よく新聞に出る、アスペルガー症候群という病気があります。このアスペルガー症候群については覚えておいて欲しいのですが、自閉症とはちょっと違う病気です。言語能力は結構保存されており、非常に頭もよく、社会的にも上手に過ごせているお子さんもいます。ところが、大人になってから、「何となくこの人は、付き合いが悪い」とか、「社会的に孤立している」ということになるという、自閉症のもうちょっとマイルドな形の病気を、アスペルガー症候群と言います。難しい言葉で言うと対人的意思伝達障害と呼ばれ、要するに意思伝達ができないということです。研究者にもアスペルガー症候群かなというような人がいて、例えば人と話をするとき下を向いて絶対に目を合わせず、その割には非常に頭がいい。まとめると、このアスペルガー症候群というのは、学問的にも成功をしている人がいますが、やっぱり意思が伝達できないので非常に友達が少ないというのが特徴です。

興味深いことにこのアスペルガー症候群は、自閉症と同じ家系に出る場合があります。同一家系に出るということは、ひょっとして遺伝子の問題かもしれず、今でも否定できていません。

漫画でわかる自閉症

ここで、ちょっと図を見ながら、自閉症というのをどうやって見分けたらいいかというお話をします。図1（次頁《ページ》）は現在、学童期前のお子さんが自閉症かどうかを調べるためのテストの一つです。この五コマ漫画は、サリーとアンの実験という有名な実験です。上からいきますよ。

白い髪の女の子がサリーで、黒い髪の女の子がアンです。一コマ目ではサリーとア

図１　サリーとアンの実験

ンがいます。二コマ目でサリーは、ボールをかごの中に入れました。三コマ目にサリーはボールを入れたかごに蓋《ふた》をして部屋を出ていきました。ここまで絵の通りですね。そこで、四コマ目では、サリーがいないときにアンはそっとボールをかごから箱に移しました。そして五コマ目でサリーが戻ってきます。

こういうお話をして、子どもに聞くわけです。「サリーはボールを探そうとして、まずどこを探すと思う？」と。答えはかごですよね。サリーはかごの中にボールを入れて外へ出ていったので、アンがボールを隠したことは知らないのですから、普通答えはかごと答えるはずなんですが、自閉症のお子さんは箱と答えてしまうんです。不思議でしょう。自閉症のお子さんは、この漫画を見て「ボールは箱の中にある」と、正しい答えを言います。しかし、サリーが何を考えているかがわからないんです。このテストの面白いところがわかりますか？

図2のグラフは正しくかごの中と答えられた割合です。白丸が正常児といわれている人、黒丸が自閉児といわれている人の正解率で、横軸が年齢です。見てみると、九歳では正常のお子さんは一〇〇％正解するのに、自閉症のお子さんでは半分しか正解率

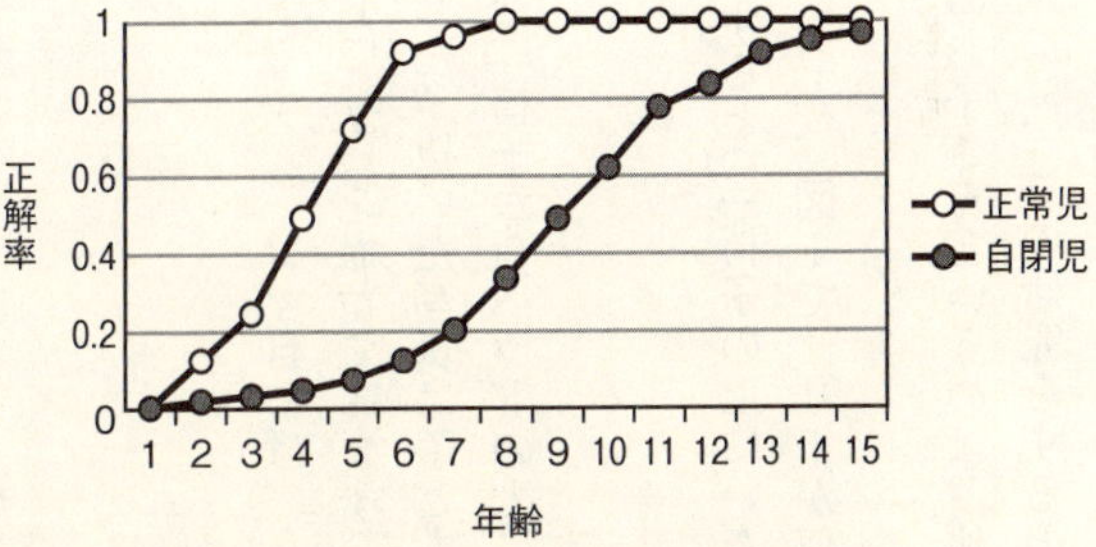

図2　正常児と自閉児の正解率

がない。この結果から自閉症という症状ではサリーの立場に立って考えることができないことがわかります。これは、非常に興味深いことです。

もう一つのテストからわかったこと

次に、図3を見てください。これも子どもに行うテストです。一コマ目では、ネコのぬいぐるみが椅子《いす》の上に座っていて、坊やがポラロイドで写真を撮っています。二コマ目、お父さんが来て、ポラロイドから写真を抜きました。抜いた写真は子どもに見せません。三コマ目、お父さんは、ネコのぬいぐるみを、椅子からベッドの上に移しました。それで、最後に質問をするのです。

「写真の中では、ネコはどこに写っていましたか?」

自閉児は一〇〇%正解します。自閉児はこのテストをすると、「椅子の上にいた」と一〇〇%答えます。つまり、事実はわかるんです。ところが、図1でサリーが何を考えているかがわからないんです。

これ、はっきりしたテストでしょう。つまり、自閉症のお子さんというのは、他人が何を考えているかが推測できないわけです。ということは、この研究をすると、「相手が何を考えているかわかる」とき、どのようなメカニズムが脳の中で機能しているのかという、人間の非常に複雑な問題が解決できるのではないかということになりませんか。ですので今、自閉症の研究は人間の高次脳機能の研究のなかでも、非常に大きな位置を占めている、大切な研究になっています。

なぜこういうことを言っているかというと、こういうお子さんが非常に多いし、大

図３　写真の中でネコはどこにいた？

人になってもこういう方が非常に多い。そういう場合に、この研究をすることによって、このような症状で非常に困っている人たちを助けることもひょっとしたらできるかもしれません。それだけではなく、普通の人に社会性がある理由もわかるかもしれない、さらに人間という、非常に複雑な生物を理解することもできるかもしれない。というので、このような研究が進んでいます。

人間の顔に興味がない

結果的には、アスペルガーの人も、自閉症の人も、相手が何を考えているかがわかりにくいらしい。ということは、行間を読むなんてことは多分できないのではないか。これは、人間が生活していくなかで、非常に大事なことだよね。「僕は君が好きだよ」と言われたのに、そいつの顔を見ると、どうもこいつは私を好きではなさそうな感じがするなど、そういうことはよくあるわけです。何となく雰囲気で相手が何を考えているかがわかる。それが、行間を読むということだよね。相手の言葉から真意を読むということですが、やはりこれができないと、社会生活が非常に難しくなることは確実です。もちろん、自閉症の人が全員できないかというと、そんなことはなく、相手が何を考えているかは練習や経験によってわかってきますので、大人になったら大体はわかるようにはなります。しかし、それでも一〇〇%わかるというわけではないようです。さて、ではこの行間を読むということを、どう研究していったらいいかということがこれからの問題です。

興味深い話があって、自閉症のお子さんに「その辺の景色を描いてちょうだい」と言ったんです。そしたら、次のような絵を描いてきました。背景については非常に詳しく描いてある。ところが、人間の顔については何も描いてないのです。つまり、顔に興味がないわけです。これも自閉症の非常に大きな特徴です。相手の心が読めないということは、相手に注意が集中していないのです。つまり、正常の人と同じものを見ているとき、背景は見えても、人の顔はあまり見えていないということがわかってきました。

さらに、自閉症の人の視線は相手の目には行っていないこともわかってきました。これも非常に有名な話で、相手としゃべるとき、普通は目を見てしゃべりますが、自閉症の人たちは相手の首の辺りに視線が行っているのです。だから、相手の目を見ないということが、相手の気持ちが読めないという証拠なのではないかということも、今言われているところです。

こういう人は確かにいるな、と思いませんか？　私の友人にも思い当たる人がいます。

実際は自閉症でない人もいるとは思いますが、皆さんも「あいつのことか」と心当たりがあるかもしれません。非常に能力は高いけれどちょっと一緒に生活すると違和感を覚える、という人です。そういう人たちもいるようだ、ということが最近徐々に明らかになってきました。

自閉症を解き明かす分子生物学

皆さんも自閉症ってどういうものかだんだんわかってきたと思いますが、実はここまでのことは、心理学の先生などなら誰でもわかっていることです。そして、ここからが分子生物学の出番です。このようなことが脳のどこに原因があって起こるのか、だんだん明らかになってきたのです。その最新の話をこれからしていきましょう。

今まで、自閉症に対してどういうアプローチがなされていたかというのを、ちょっとご紹介することにします。お子さんもそうなのですが、自閉症の人たちの非常に大きな特徴として、断片的な事象に非常に興味がある、ということが知られています。どうも全体が統合されてはいないようなのです。

例えばある部屋の背景を見ても、全体としてこの部屋がどうなっているかではなくて、ドアがどうなっているかとか、面白い洋服を着た人がいるとか、そういう非常に断片的なものにしか、興味が行かないみたいなんです。つまり、どうも対象を全体として眺めることができないらしい。

断片的な記憶になる理由

ここで、有名な話があります。これも驚くべき話なのですが、次のようなテストをすると自閉症かどうかわかると言います。椅子に座っていて、前に三つ、三十センチくらいの大きさの四角いものが見えるようになっています。そこで、その人の視線がどこにいくかをよく見ていきます。例えば真ん中の四角にパッと円を映写すると、視線がそこにピュッといきます。これは誰でもいきます。次に、真ん中の円を消して右の四角にパッと円を映写すると、今度は視線がピュッと右へいきます。ここまではいいんです。それで、次どうするかというと、右の円を消して真ん中の四角にパッと円を出します。また視線が真ん中にいきます。そのときに、これを消さないで右の四角に円をパッと出すと、皆さんどうなると思います？　真ん中に視線がいっているときに右側にパッと円が出ると、普通の人は視線を右側にずらします。新しく円が出たところに視線をずらすのですが、自閉症のお子さんは真ん中を見たままなんです。

これから何がわかるかというと、自閉症の方は一つのものに注意が集中すると、横に何があってもそこに注意がいかないらしいということがわかります。そしてこれらのことから、ある事象を非常に断片的に、集中的に脳に記憶しているので、どうも全体として記憶することができないのではないかという説が考えられるようになりました。

この説のことを中枢《ちゅうすう》統合弱体説と言います。私たちは脳で色々なものを判断し、それを一つにまとめ、全体として脳に記憶していきます。ところが、自閉症の方はどうもそれができなくて、個別のことは脳の中にしまわれているみたいなのですが、それをまとめて知覚することができないのではないかというのが、中枢統合弱体説です。こういう説が何年も前に唱えられました。

仮説を証明してこそ科学

確かにこういうしくみはあるかもしれません。自閉症のお子さんを色々見ていると、どうも脳の中でこういうことが起こりうるのではないかと考えることができます。しかし、こういうことが起こるとしても、実際脳がどうなっているのかは全くわからないわけです。つまり推測だけで証明されていないのです。心理学ではここまでは言われていましたが、ここまでが心理学の限界で、本当のサイエンスになるには、その人たちの脳を見ないといけません。また、本当に脳だけで説明できるのか、例えば遺伝子が違うのか、そういうことも説明できないといけないし、いわんや昔は自閉症というのは親の育て方が悪かったのが原因であるなどと言われていたのです。そんなことは一切ありません。親の育て方とか、子どもがお腹《なか》の中にいたときにお母さんが風疹《ふうしん》に感染したため、何かウイルスが脳へいっておかしくなったのではないかとか、色々な説が出たのですが、どうもそれらはすべてウソらしい。

それで、基本的には、どうも脳の作りのどこかが違っているために、前述のような対人関係がうまく結べないのではないか、というのが現在の考え方です。

自閉症の遺伝子を発見

ここで非常に大きな生命科学のブレイクスルーがありました。どうやら自閉症の一部は遺伝子の変異で説明できるらしいという結果が出てきたのです。私たちの体の中には遺伝子というものがあります。遺伝子というのは現在、ヒトの場合は全部でおよそ二万五千種類あると考えられています。

この二万五千種類の遺伝子はＤＮＡという物質でできていて、長く細い糸みたいにつながっているのですが、普通はこれがグルグル巻きになって見た目太いものになっています。これを染色体といいます。染色体は顕微鏡で見ると、図４のように真ん中が縮まって見えます。このように、遺伝子の連なりは細胞の中で染色体という形になり、例えば①の部分がAという遺伝子、②の部分がBという遺伝子、というようようになっています。また、染色体はヒトでは四十六本あります。このうち男の人だったらX染色体とY染色体というのを一本ずつもっていて、女の人だったらX染色体を二本もっています。残りの四十四本は、一番大きいのを第一染色体、二番目に大きいのを第二染色体、……、一番小さいのを第二十二染色体といい、この一から二十二までがお父さんとお母さんから一本ずつきていて全部で四十四本となり、さきほどのX染色体とY染色体一本ずつ、またはX染色体二本と合わせて四十六本になります。これが私たちの染色体で、遺伝子はこの四十六本の糸からできている

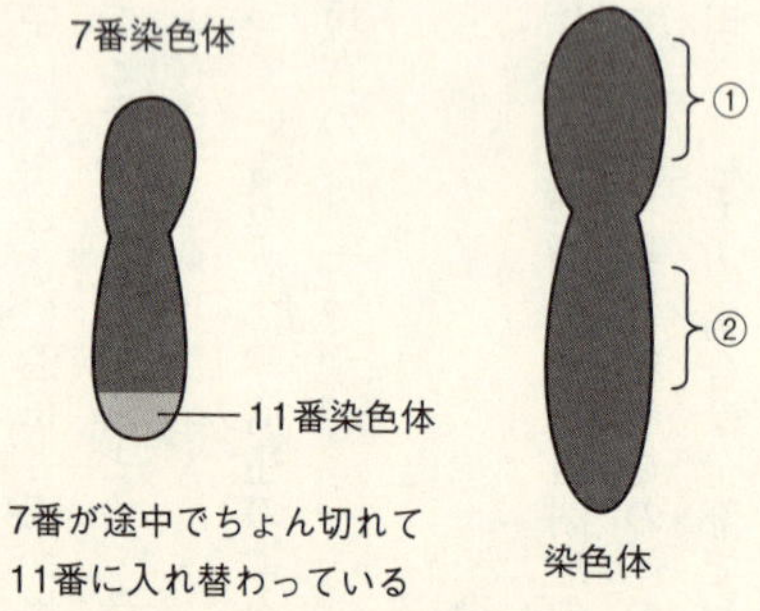

図４　染色体の形と転座

のです。この染色体の配列はゲノムプロジェクトで、現在ちょうど全部明らかになったような段階です。

さて、ある家系の自閉症の人はどうやらこの染色体の、ある一部がおかしいらしいということがわかってきました。この家系が全員自閉症というわけではありませんよ。つまり、この家系で自閉症の人は、染色体がどうも普通の人と異なっている。染色体に変異があるということは、DNAに変異があるということです。もっと詳しく言うと、ある家系の自閉症の人では七番目に大きい染色体が、実は途中でちょん切れていて、残りの部分が元々十一番だった染色体に置き換わっていたことがわかってきました。つまり十一番と七番がちょん切れて、入れ替わっていたんです。こういうのを転座と言いますが、二本の染色体が半々になって、七番に元々十一番だったものが繋《つな》がっているということは、十一番の方も元々七番だったものが繋がっているわけです。みんなびっくりしました。

さらに、その家系で自閉傾向を示す人はみんなこの染色体をもっていて、同じ家系のなかで自閉症ではない人は、通常の七番と十一番をもっているということがわかってきました。

「お、しめた」というわけです。何がしめたかというと、普通は正常な七番と十一番があるわけです。これが自閉症の人では、七番が途中から十一番になっている染色体、もう一本は途中まで十一番で残りは七番になっています。七番と十一番の染色体二本が、ちょん切れて入れ替わっているのです。すると、染色体がちょん切れる前に元々切れ目のところにあった、どちらかの遺伝子がちょん切れたために、自閉症が起こった可能性があるわけです。

そうすると、みんな一生懸命考えたのは、ちょうどこの切れ目のところに元々どんな遺伝子があったかを調べてやれば原因がわかるのではないかということです。元々は正常な遺伝子があったのに、入れ替わってしまったため、遺伝子がキメラ（異なる種類のもので構成されたもの）になっちゃったわけです。だから、その遺伝子の機能がわかれば、自閉症の原因がわかるかもしれません。今まで分子レベルで全くわからなかったこの自閉症というものが、ひょっとしてわかるのではないかと、みんな色めき立ったのです。

それで、ここにどんな遺伝子があったかというと、FOXP2という遺伝子が見つかりました。これが自閉症の遺伝子ではないか、というわけです。二〇〇三年の話です。五十年前から行われてきた研究が、ひょっとしてこれじゃないかというところへ、ようやくたどり着いたのです。では、このFOXP2の機能を調べれば、相手の心がわからないというメカニズムが、わかるのではないか。ということで、非常に面白い研究がここから進み始めました。

遺伝子の発見が鍵《かぎ》となった突破口

それで、名前はどうでもいいのですが、このFOXP2という遺伝子がこの切れ目の部分にあるということがわかったとき、実は、一部の人たちはすごく驚いたんです。なぜなら、このFOXP2という遺伝子は、別の病気の原因遺伝子だということが知られていたからです。

その病気というのは学習障害の一つの難読症という病気です。FOXP2は、難読症の原因遺伝子として知られていたのです。難読症というのは、知能は全く正常ですが、例えば「イデンシ」という字を読みなさいと言われたときに、「イデンシ」と読めず、「イガンシ」とか、変に読むような病気です。知能は同じ、だけど言葉で字を言い表すことができない。そういう病気があり、そういう方たちではこのFOXP2がおかしいということが、前々からわかっていたのですが、自閉症の原因と予想された遺伝子は、この遺伝子そのものだったのです。

そうすると、先ほど言ったように、自閉症という病気はどうやら言語機能に問題がありそうだ、相手の心が読めないということは何か言葉に問題があるのではないかと、みんな思っていましたが、その話とうまくつながってきたわけです。

難読症の脳で見つかった異常

ところで皆さん、自分の脳をMRIとかCTで見たことありますか？　私は見たことがあるんですが、自分の脳が萎縮《いしゅく》していると嫌だよね。だけど、われわれくらいの年になると少しずつ萎縮してきて、昔の東大で教授の脳を見たときだって、三分の二は萎縮していたって話があります。

それで、最初に見つかったKEという難読症の家系があるのですが、この家系の脳をMRIで見たら非常に面白いことがわかってきました。ちなみに、KEとは、その病気の人の頭文字を取って付けられた名前です。もちろん家系というのは、全員が難読症というわけではなく、半分がこの難読症ですが半分は普通なのです。

普通、脳の中の右と左はほとんど差がありませんが、たった一つだけ差がある場所があります。それは言語野（ブローカ野）と呼ばれているところで、言葉をしゃべると左側の脳のその部分だけで血流が動くのです。だから普通は、言葉は左側の脳で規定されていると考えられているんですが、このKE家系で難読症の人が字を読んでいるときには、脳は右と左が均等に動いていて、左側の動きが非常に弱いということがわかってきました。

つまり、この字が読めないというのは、明らかに脳の言語を規定している部分に異常がみられるんです。

まとめますと、この難読症という病気と自閉症の家系では、全く同じFOXP2という遺伝子に異変があるということが明らかになり、このFOXP2という遺伝子が原因である可能性があるということが明らかになってきました。これはひょっとしたら自閉症は分子レベルで説明がつくのではないか、という可能性が出てきたのです。ここで、人間の遺伝子を変えようとすることはできませんが、例えばこのKE家系で、または自閉症で異常がみられるFOXP2という遺伝子をサルに遺伝子導入すれば何かわかるかもしれません。サルだって少し言葉が理解できますよね。皆さん、京大霊長類研究所のチンパンジーのアイちゃんを知っていますか？　僕はアイちゃんが実験しているところを見たことがありますが、例えばディスプレイに映ったものを覚えさせる実験をやると人間よりも早いんです。だから、ひょっとしてサルの遺伝子を変えることができれば、実験が可能かもしれませんね。

自閉症の脳で見つかった異常

話はまだ続くのですが、自閉症の人たちは視線の方向が普通の人とは違うとか、いろんな症状があります。また、やはり先ほど言った、脳をリアルタイムで見るという研究が、一番その人の脳を調べるのに効果的であるので、実際に脳をリアルタイムで観察しました。すると、確かに脳の左側にある言語野の機能が下がっていることがわかりました。と同時に、どうやら側頭葉の聴覚野にも問題がありそうだということが、つい最近明らかになってきました。

色々な話が出てきて大変かもしれませんが、皆さんの脳は図5のようになっています。図の左側が前方ですので、これは脳の左側を見ていることになります。中央辺りに縦の線が見えるのですが、ちょうどその左下辺りが、言語野（ブローカ野）と呼ばれている場所です。そして、側頭葉に位置する辺りが聴覚野と呼ば

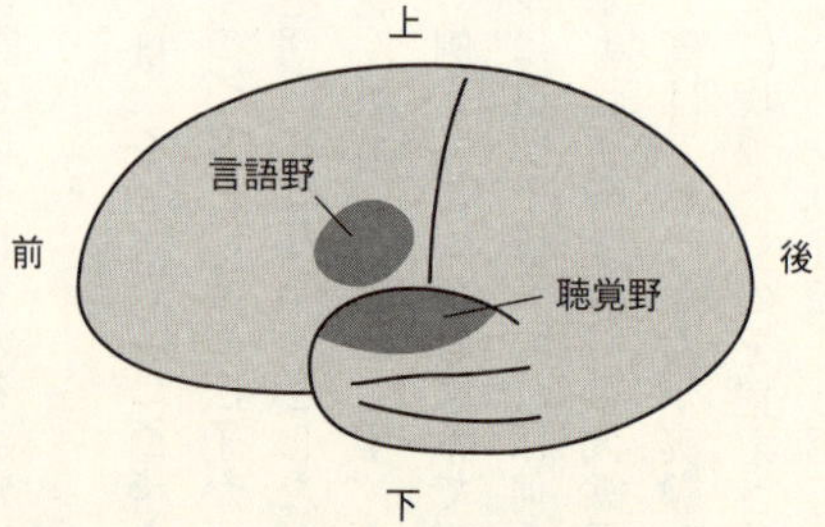

図5　言語野と聴覚野の場所

れています。音を聞いたときにはここが反応して、神経細胞が働いていることがわかります。

そこで、先ほどは自閉症の方は言語野の機能が弱いことをお話ししましたが、今度はカチカチという音とか、人がしゃべっている音とか、そういうものを自閉症の人に聞かせて、聴覚野を調べてみました。それで何がわかったかというと、自閉症の方は人がしゃべっているときにあまり聞いていないということがわかってきたんです。どういうことかというと、機械的な音を聞いているときは聴覚野が反応していたけれど、人がしゃべっているときは反応していなかったのです。つまり人の言葉に対して注意が向かない。その代わり、外の自転車の音とか、何か機械的な音などはちゃんと頭の中に入っているということがわかりました。

また、大人である二十五歳ぐらいの人たちに十種類とか、二十種類の音を聞かせて、最後に、「今聞いた何種類かの音の中で覚えている音を言ってください」と言ったときに、普通は色々な音の名前を言います。人の声が出たとか、人が騒いでいたとか、野球の話をしていたとか、そういうことを言うのですが、自閉症の人たちは明らかに人間がしゃべっている音を記憶している数が少なかったのです。つまり、聴覚野を調べたら、どうも人の声に対して注意が向かないということがわかってきました。

最初は、目を見ないから相手が何を考えているかわからないと、目だけが問題かと思っていたんですが、どうもそうではない。声にも注意が向かないということがわかりました。はい、だんだん全体像が明らかになってきましたね。つまり、自閉という症状は、最初からお話ししているように、相手が何を考えているか、人の気持ちがどうもわかりません。その理由が明らかになってきました。

例えば、何か言いたいことがあっても言えないことってあるでしょう。だけど、その人の顔を見ただけで、「ああ、この人は何を言いたいのかな」とわかるときがありますよね。これは、相手の目を見たらわかるという話なのですが、自閉症というのは相手の顔に関心がいかないのでわからない、と考えられました。ところがそれだけではなく、声を聞くということについても非常に大きな原因がありそうだということが明らかになってきました。なぜこのようなことが起こるかという話の焦点がだんだん絞られてきたのです。

自閉症で見つかった、もう一つの遺伝子

最後に、驚くべき発見がありました。そのことについてちょっとご紹介します。それは、スウェーデンで行われた実験から明らかになったことです。日本では、なかな

かこういう研究ができないのですが、自閉症の人とアスペルガー症候群の人合わせて、男百四十一人、女十八人を対象に遺伝子解析が行われました。聞いてわかるように男の方が圧倒的に多いのですが、実際男の方が三から四倍多いと言われています。この実験の場合は、少し多めに男性を集めて行われました。

ところで、ここで言う遺伝子解析というのは、前に言いました二万五千ある遺伝子のうち、同じ家系で、自閉症とそうでない人を比べるという実験です。そして、ある遺伝子に違い（変異）が見つかった場合、その遺伝子変異があるか無いかで、自閉症が起こるかどうかがわかるわけです。

そのような実験が行われたのですが、結果的には見つかりました。ある一つの家系で、ニューロリギン4という遺伝子に異常があることが明らかになったんです。ニューロリギン4という遺伝子にDNAの文字が一文字違う（点突然変異）ところがあるということがわかった。これは、ある一つの家系でのことです。全員ではありません。でも、今まで自閉症というのは、脳の聴覚野や言語野の発達がちょっと普通の人と異なるために起こるのではないかと言われていたのですが、ここにきて、たった一個の分子の変異で自閉症は起こりうることが明らかになってきました。この発見で、「ようやく分子レベルで自閉症という問題が説明できるのではないか」と、みんなちよっと色めき立ったのです。そこで、「ニューロリギン4って何をやっている遺伝子なんだろう」というのが問題になります。でも、これが見つかった時点ではまだみんな眉唾《まゆつば》で、「本当にこの遺伝子が原因なのか?」と言っていました。ところが、二カ月後にもう一つ大きな発見があったんです。

このニューロリギン4ですが、なぜ4が付いているかというと、他にもニューロリギン1や2などがあるからです。人間のなかには互いに似ている遺伝子の集団がいっぱいあって、このニューロリギンという遺伝子も実は五個あります。ニューロリギン1、2、3、4、もう一つはニューロリギンYと、全部で五個の遺伝子があるのですが、今回の遺伝子解析ではこのニューロリギンの四番目の4が異常だったんです。

そうすると賢い人は、残りのニューロリギンの遺伝子がおかしい場合もあるかもしれない、と考えました。つまり、これらの遺伝子の機能は非常によく似ているので、一つがおかしくて自閉症になったのなら、残りがおかしくても自閉症になる可能性があるのではないかと考えました。そこで、別の研究グループがまた全く別の家系で自閉症を調べてみると、なんと今度はニューロリギンの3に異常があることがわかりました。

二万五千ある遺伝子のうち、非常によく似た二つの遺伝子の異常で自閉症が起こるということがわかってきました。これは大きな発展です。

自閉症とアスペルガー症候群というのは、同じかどうかわからないけれども、非常によく似たところがあります。それで、これらの病気で人の心が読めないという原因は、多分色々あります。それこそお母さんのお腹《なか》の中で、脳ができるときに少し問題が起こったのかもしれないし、遺伝子とは全く関係なく後天的なものかもしれません。しかし、数ある原因のうち、少なくとも二つは遺伝子が原因で起こるということがわかりました。また、難読症と呼ばれている病気があり、これと交差している部分もありそうだということもわかりました。つまり、一〇〇%わかったのではなくて、多くの原因のうちいくつかがわかってきたのです。それで、このわかったことをもとに調べていけば、ひょっとして他のこともわかるかもしれません。そういう手掛かりがつかめてきたわけです。

今まで生物学を勉強してきたなかで、ウニの発生とかを勉強した方もいるかもしれませんが、もう人間の研究はこういうところまできています。同じ人間でもアルツハイマーとか、癌《がん》とか、病気の研究は比較的研究しやすいのですが、人間がどう考えるかなんて研究は非常に難しく、今までほとんどありませんでした。しかし、現在では、このようなことについてもだんだんアプローチできるようになってきたということです。

この遺伝子は何者か？

　では、ニューロリギンは何をやっているのか。もう、ここまできたらしめたものです。ニューロリギンというのは、実はこういうタンパク質だったんです。

　私たちの脳の中には、神経細胞（ニューロン）というものがあります。このニューロンとニューロンは情報の伝達を行うために接近しているんですが、少し離れています。この構造をシナプスと言います。シナプスでは互いのニューロンが接近して互いにくっつき合うようになっていますが、なぜこのようになっているかというと、片方から出ているタンパク質と、もう片方から出ているタンパク質がくっついているからなのです（図6）。両方のタンパク質はうまいことピタッとくっついており、これがいっぱいシナプスにはあるため、このシナプスという部分はきちっと形成されているわけです。そして、ニューロリギンというのは、ニューロンから出ているタンパク質のうちの片方だったのです。

　そこで、ニューロリギン遺伝子に先ほど言った変異が起こると、ニューロリギンタンパク質はシナプスの膜のところに行けなくなります。そのことによって、シナプスが形成できなくなるということが明らかになってきました。つまり、神経と神経の伝達がうまくいかなくなるんです。話がだんだん見えてきました。

まとめると、この遺伝子に異常があるとどうして人の言うことがわからないかというと、どうも脳の中で神経と神経の伝達がおかしくなるからであるらしいということがわかってきました。特に言語野とか、聴覚野の部分で、どうも伝達がおかしくなっている。それがこの自閉症という病気の一つの原因であるらしいということが明らかになってきたのです。原因の全部ではありません。まだ大部分はわからないけど、そのうちのいくつかはシナプス構成タンパク質の異常で説明がつくのではないか、というところが現状です。

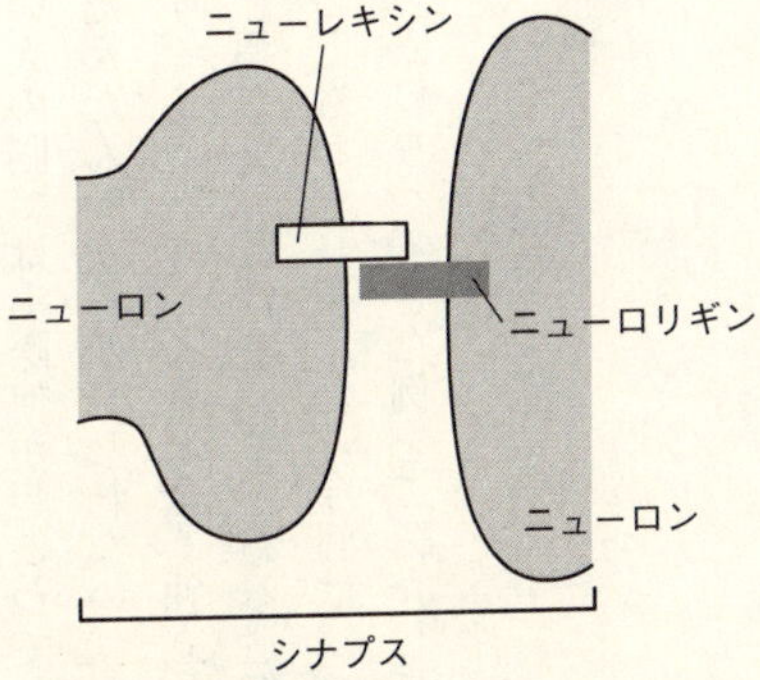

図６　神経細胞をつなぐタンパク質

今回は、相手の心を読むというお話をしました。最初は、「そんな、人の心は読めるはずがない」と、思ったかもしれません。でも、今回の話を聞くと、心が読めない人がどうもいるらしい、そして、その心が読めない人の脳では実際何が起こっているかを調べていけば、心を読むというメカニズムがだんだんわかるかもしれない、と思った方もいると思います。これは一つの考え方です。もう一つ、これと全く独立して、自閉症などの家系を調べて原因と思われる遺伝子を調べることによって、ある遺伝子異常があると確かにこういう症状が起こるということもわかりました。今回は二つのアプローチで「心を読む」ということについて明らかになってきた例をご紹介しました。

コラム　失敗から見つかった環境ホルモン

一九九三年、ボストンにあるタフツ大学で、ソンネンシェインという教授が面白い実験をしていたんです。彼はシャーレで乳癌の細胞を培養していました。乳癌の細胞っていうのは、乳癌の患者さんから採ってきて培養しても、すぐ死んじゃうんです。ところがそこに、女性ホルモンであるエストロゲンっていうのを入れると、ちゃんと生きて、そのまま維持されるんですね。つまりエストロゲンが必須《ひっす》なんです。だから彼は研究室のテクニシャンに「必ずエストロゲンを入れろよ」って言い残して家に帰ったんです。

ところがそのテクニシャンは、エストロゲンを入れるのを忘れてしまったんです。「あー、しまった！」と思って、次の日に来て見たら、エストロゲンを入れなくても乳癌の細胞が生きていたんです。誰か代わりにエストロゲンを入れたのかなって普通の人は思うんですが、彼は賢かったんだよね。何に気が付いたんだと思います？　彼は、何かが自然とシャーレのプラスチックの中から溶けてきたんじゃないかと考えたわけです。そこが賢いね。そして、それはエストロゲンに似た物質に違いないと考えたわけです。そして、シャーレをよく調べてみると、ノニルフェノールっていうのが見つかってきた。この物質は、エストロゲンに非常によく似た女性ホルモン作用があることを見つけ、エストロゲン類似物質、つまり環境ホルモンっていうのが初めて発見されたわけです。

このことを聞いたあるジャーナリストが、環境ホルモンっていう本を書いたんです。その人は一発当てようと思って、話をちょっと拡大して脅かすように書いたわけです。だからこそ、こりゃまずいぞということで、世界中の人が環境ホルモンに注目してくれたわけですけれども、言葉がどんどん独り歩きして、環境ホルモンは悪者だっていう話になってしまったんです。でも後から色々調べてみたら、決して悪いことをするだけではないということがわかってきたんです。というのも、これらを微量に入れると、生物の生育にむしろいいって結果も出てきて、環境ホルモンが一〇〇％悪者かどうかは、まだ疑問があるっていうのが現在の状況です。

最後に、一番大切なことは、なぜこういうことが起こるのかということをやらなければ、絶対にはっきりしたことはわかりません。そしてそのメカニズムがわかり、例えばニューロリギンをちゃんとシナプスへ行かせてやることができれば、自閉症は治るかもしれないんです。遺伝子異常があるといっても、ニューロリギンがシナプスに行っていないから病気が起こっているだけである可能性があるので、シナプスに行かせてやればちゃんと病気は治るかもしれないんです。そういうことも視野に入れた研究がこれからはできるという点で、この研究は非常にエキサイティングなところなのです。

今回は、特に人間の脳や心についてお話をしましたが、次回からはもうちょっとやさしい人間の体のことをお話ししていきたいと思います。

Q&A　質問タイム

学生A　顔がない絵というのは、何歳くらいの子が描いたんですか？
石　浦　確か四〜五歳だったと思います。
学生A　これで自閉症かどうかを診断することはできるんですか？
石　浦　一個だけの絵じゃ難しいと思います。でも、何十枚も描かせるとやっぱり人間に興味がないっていうことがわかってきたりします。
学生A　小学校五〜六年生ぐらいだともう診断がつくんですか？
石　浦　大体もう診断つきますよ、友達とうまくいかないとか。
学生A　アスペルガーの子ってどういう感じなんですか？
石　浦　アスペルガーは非常に範囲が広くて、全く正常に見える人と、非常に変わった人がいて、実はちゃんとした定義はないんです。

＊

学生B　統合失調症（精神分裂病）と自閉症は違うんですか？

石　浦　統合失調症と自閉症はちょっと症状が違っていて、例えば何もないときに声が聞こえる、というのが統合失調症です。

学生B　その原因も分子生物学的に解析していくとわかるんですか？

石　浦　うん、わかる。非常に遺伝的素因が高いことはわかっています。現在、関係していると思われる遺伝子が一個、二個ようやくわかってきたところです。

学生B　組み合わせですか。

石　浦　だと思う。多分何十種類も原因があるんだと思います。

＊

学生C　自閉症と同じ名前が付いてても、原因は人によって違うんですか？

石　浦　そう。例えば癌の原因遺伝子も十種類くらいあって、別々の遺伝子が変異しても同じ症状の癌になります。だから、病気というのは全体の総称であり、原因は多分いっぱいあるだろうと考えられています。

第2講義

第2講義　遺伝子に残る進化の歴史

最初からDNAの話をすると客が逃げてしまうものですから、話の腰を折らないようにチョロチョロと色々な話をしながらなんとかDNAと遺伝子のことを話し終えました。これでわかったでしょうか。

タンパク質とかDNAの話がわからないと、後でお話しする病気の話がよくわかりませんので、第2講義の今回はそこら辺を絡《から》めながら、主に進化のお話をしたいと思います。進化の最新の理論はどういうものか、という話です。

生物が陸に上がることができた理由

地球は今から四十六億二千万年前にできたと言われていますが、生命が誕生したのは今から三十八億年くらい前じゃないかと言われています。だから、かなり古い段階で生物は出てきたということがわかります。新聞やニュースでよくご存じだと思いますが、一番最初の生物は海の中にいました。地上に生物は存在しなかったんです。なぜ地上に生物は存在しなかったかというと、非常に強い紫外線が降り注いでいたからだと考えられています。紫外線に当たると、生命は誕生できないし、死んでしまいます。

では、なぜ紫外線に当たると生物は死ぬのかな？　それは、後で勉強しますが、遺伝子であるＤＮＡに変異が起こるからなんです。強い紫外線に当たると遺伝子がおかしくなって、次代の生物ができない。つまり、子どもができないというわけです。ということで、生命体が海から陸に進出できない状況がずっと長い間続きました。

しかし、そのうち海の中に光合成生物というものができるようになった。この光合成生物というのは酸素を作ります。つまり、地球上に初めて酸素ができてきた。そうすると、ドラスティックに状況が変わってきます。酸素は地球の大気の中に出てくると紫外線に当たって、この酸素から別の物質ができます。オゾンという物質です。そして、地球の上にオゾン層ができるようになってきたわけです。このオゾン層ができると、紫外線はそこでカットされます。ＵＶカットとかよく言いますね。ＵＶとは紫外線のことです。そうすると、有害な紫外線は陸地にまでたどり着かなくなりますから、生命体はようやく海から出て、陸に上がることができるようになりました。そこで進化が起こってきたわけです。因果関係はこのようになっていて、紫外線が一番の原因だったわけです。有害な紫外線がカットされるようになってから、生物は陸に上がってきたということが、明らかになっています。こういう長い進化の過程があったということを、ちょっと知っておいてください。これはイントロダクションです。面白いのはこれからです。

化石からはわからないこと

では、本当に生物は進化したのだろうか。化石の話をいたします。生物の形がだんだん変わってきたり、人間みたいな生物がどこからできてきたのかというのは、非常に疑問でした。ところが、土を掘り起こしてみたら骨が出てきた。化石というのは、骨の形態を表したものです。骨を見ることによって、どういう生物が、何万年前に生きていたかが、明らかになってきました。ところが問題は、化石というのは骨を見ているので、骨以外の変化は見逃されていたことです。もちろん骨以外にも変化はあったはずです。例えば知能の変化なんて、骨ではわかりません。また、昔の生物は毛があったんだろうか。それもよくわからなかった。だから、生物の進化を調べるには骨を見るだけではなく、もっと違うものも調べなくてはいけないのではないか、という気運が高まってきたわけです。

でも、今から二十〜三十年前は、みんな骨でしか議論ができなかった。そのときの代表的な考え方が断続進化説と呼ばれているもので、ナイルズ・エルドリッジという人とスティーブン・J・グールドという人が唱えた進化説です。断続平衡説とも呼ばれています。

最初にダーウィンが進化説を唱えたころは、進化はゆっくりと漸進《ぜんしん》的に起こるはずだと考えられていました。例えばサルからヒトに進化するときは、サルとヒトのちょうど中間型があって、それから少しずつヒトに近づいてきたと考えられていたんです。こっちを漸進説と呼びます。ところが、エルドリッジとグールドは「サルはサルで、あるとき突然ヒトになったんだ」と唱えたんです。つまり断続的に生物は出てきたに違いない。なぜかというと、その中間型が見当たらないから。確かにそうだね。中間型は見当たらないし、サルとヒトは、はっきりと違う生命体です。だから、この断続進化説は正しいのではないかと、非常に大きなメッセージを彼らは出しました。

この漸進説と断続進化説は明らかに違います。それで、どっちが正しいのか随分議論されました。先ほども言ったように、化石からでは骨の形態はわかりますが、肌の色などはわかりません。だから最終的に、骨だけを見るのではなく、もうちょっときちっとしたものを見ないと本当のところはわからない、となってきたわけです。そのお話をこれからいたします。

コラム

骨の形で決められないこと

もう何十年も前ですが、昔の人類学では骨の形態だけをやってたんです。皆さんの頭の形を測ると、日本人の頭の形は、細長い人やおむすび型の人、横長の形の人などがいます。それで、細長い形の人は朝鮮半島から来た人に非常に多いとか、四角い形の人は原日本人と呼ばれているアイヌとか沖縄の方に多いとか、そういう議論が行われていたんです。

皆さんの頭の形はどのような形になっていますか。左右対称の人や、少し偏《かたよ》って右の方が出っ張っている人、左の方が出っ張っている人などがいると思います。人間の言語能力は左側にあるので、左側の方が出っ張っている人は頭がいい人が多いとか、右側の方が出っ張っている人は音楽とかが上手だとか、昔はそう言われていたんです。皆さんはどっちかな？

だけど調べてみると、どっちが出っ張っているかとか、っていうのは関係ないってわかってきたんです。出っ張りがどうとかっていう学問は骨相学というもので、例えば頭のこの辺がとんがっている人は非常に陰険な奴《やつ》が多いとか、キューピーさんみたいに上の方がとんがっている人は特別な性格を持っているとか、そういう議論がありました。でも、それは一切関係ないことがわかってきたわけです。

進化は突然に

実は、たった一個の遺伝子が変化しても形態が全く変わってしまうことが、明らかになってきました。たった一個の遺伝子の中の、たった一個の塩基の変化で、形態が大きく変わるということがわかってきたのです。後でちゃんとご紹介しますが、塩基というのはＤＮＡの文字です。

例は色々ありますが、例えば小人症の方がいらっしゃいます。足が非常に短く背は百二十センチくらいの方です。これは家系的に遺伝することが明らかになり、軟骨形成不全という病気として有名になりました。この軟骨形成不全という病気は、ＦＧＦ受容体というものを形成するための遺伝子の、たった一文字（一個の塩基）の変化で起こるということがわかってきました。これはどういうことかというと、人間の遺伝子は全部で三十億の文字でできているんですが、その三十億文字のたった一文字が変異しても、例えば足が非常に短くなり、その中間型はありません。また、マウスにはヘアレスという遺伝子があります。何となくどんな遺伝子かわかりますね。このヘアレス遺伝子は普通のマウスにはあるんですが、そのヘアレス遺伝子のたった一文字が変化すると毛が一切ないマウスになるということがわかっています。

つまり、ＤＮＡがたった一文字違っただけで見た目が全く変わってしまうということがわかってきた。進化は徐々に起こるのか断続的に起こるのかという議論がありましたが、一見、断続進化説に非常によく似たことが起こる。そういうことが、遺伝子の研究でわかってきました。

髪の毛がないのは進化か？

最近の研究で面白いことがわかってきました。皆さん、自分の手をじっと眺めてください。そこに異常が見つかるかもしれません。私の指は、小指が薬指の一番上の第一関節よりも短いんです。小指が圧倒的に短いんです。これはどうも遺伝子異常らしいということがわかってきました。でも、遺伝子異常と言ったって私たちの体に何も影響ないわけ。小指って何のためにあるか知っていますか？　実は、小指はサルが木に摑《つか》まるために必要なんです。だから、小指が長いヒトというのはサルに近いんだね。

進化したヒトというのは小指があまり必要ないということかもしれません。この遺伝子はみんな一生懸命調べているんですが、多分見つかるだろうと、現在考えられています。

僕は自分の髪が普通の人よりもちょっと少ないんですけれども、昔はあったような気がしていました。大学院生だった二十五歳くらいのときビートルズというのが流行《はや》っていて、僕はジョン・レノンと同じように肩辺りまで髪が確かにあったんですよ。ところが、ドクター三年の写真を見たらほとんど今と同じ顔になってた。ということは、僕の髪の毛の数っていうのは、断続的に変化したのかもしれません。自分では少しずつ変わってきたような気がするんだけども、どうもそうでもなさそうだっていうことが、後で写真を見てわかりました。

でも、昔から小説なんかの宇宙人の絵で、髪が生えている奴いますか？　ということは、髪の毛がないのは進化した人間の証拠なんです（笑）。どの絵を見ても髪の毛がたくさん生えている宇宙人なんか描かれていません。だから、私は髪がない人の方が進化しているんだって思っているわけ、心の中で。でも、これはあながち冗談でもなくて、人間の形態を見てみると脳はだんだん大きくなってるんです。例えば今から一万年くらいたつと、もうちょっと頭が大きい人類が出てくるんじゃないかと考えられています。体はだんだん動かさなくなるから小さくなっていって、将来は百五十センチくらいで頭が異様に大きい人類が出てくるんじゃないかって予想はされています。どうなるかわかりませんけど。

あと、最近わかったのでは、耳アカを取ると、ねっとりした人と、かさかさの人がいるんですけど、その遺伝子がわかりました。

遺伝子の正体

ちょっと難しい話いくぞ。ヒトのゲノムのお話をします。私たちのゲノムというのは、その生物をつくっている遺伝子すべてのことを言います。だから、ヒトのゲノムというのは人間をつくっている遺伝子すべてのことです。それで、ヒトのゲノムというのは文字でいうと三十億あるということがわかっています。ところが、お父さん、お母さんからそれぞれ三十億ずつきているので、実はこの三十億が二つあるわけです。よく似たものが二つありますから、二コピー存在すると言います。だから、人間の遺伝子というのは、全部で六十億の文字で書かれていると考えていいわけです。そして、皆さんの体の中の遺伝子、どこの細胞を採ってもみんな同じものがあります。元々一個の細胞だったのが皆さんの体になったわけですから、どこでも同じです。

では、皆さんから遺伝子を採るとき、一番採りやすいところはどこか知ってる？一番簡単に採れるのは髪の毛なんです。髪の毛をピュッと抜くと毛根が取れます。この毛根はいくつもの細胞でできていて、この細胞の中に遺伝子があります。ところが、髪をちょん切って遺伝子を採ろうとしても、採れません。髪の毛自体は細胞が死んだ残りみたいなものでしかないので、毛根がないと遺伝子は採れないんです。あとは、ホッペからも採れます。うがいをしてペッと出すと、その水の中にホッペの細胞の遺伝子が入っています。これらが一番簡単に遺伝子を採る方法です。もちろん血液にも遺伝子はいっぱいありますが、血液を採るのはお医者さんしかできないので、普通の人はできません。要は、どこから採っても同じなので、一番採りやすいところから遺伝子を採ればいいわけです。

実は、ヒトのDNAというのは二本の鎖がらせんになっています。これを二重らせんと言いますが、二重らせんになっているDNAは四種類の化学物質でできています。名前はどうでもいいんですが、アデニン（A）、グアニン（G）、シトシン（C）、チミン（T）という四文字でできています。この四文字が全くランダムに並んでいるんです。「AGCTTT」とか、「AAATAT」とか、全くランダムに並んでいるのですが、一つ法則があって、二重らせんの二本の鎖は、片方がAだった場合その横にあるもう片方は必ずTがきて、Gの横にはC、Cの横にはG、Tの横にはAと、図1のようにらせんを作っています。つまり、このDNAという物質は鎖が二本あって、この二本の鎖は必ずA＝T、G＝Cというようにペアを作って並んでいるということを、ちょっと知っておいてください。この組み合わせのことを塩基対と言います。

つまり、Aの向かい側には必ずTがあり、Gの向かい側には必ずCがあるので、並び方はどっちか片方だけわかればいいわけです。だから、片方がわかればもう片方もすぐ推測がつくので、「AGCT」と書いてもいいし、「TCGA」と書いてもいいのですが、どっちを書くか決まりがあるんです。その決まりについて今からお話しします。

三十億塩基対というのは、A＝T、G＝C、……、を一、二、……、と数えたとき、これが三十億あるということです。つまり、実際は文字でいうと二個ずつあるわけですから、数としてはものすごくたくさんあることになります。さらにこれがお父さんとお母さん両方から一つずつきていて、二コピーあるというわけです。これ

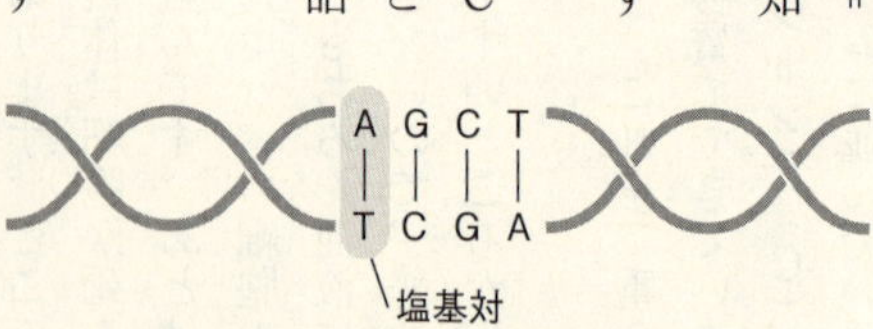

図1　DNAの二重らせん

が人間の遺伝子のつくりになります。この辺から新しい勉強に入ります。

遺伝子のいらない部分と大事な部分

二番目。では、私たちの遺伝子はどのようになっているのだろうか。私たちのＤＮＡは二本がらせんになって並んでいるのですが、並び方が大事なものといらないものが順番になっています。つまり、ＤＮＡの文字がいっぱい並んでいると、ある部分は非常に大事で、そこから先にいらない部分があり、また大事な部分がくる、というように、大事なものといらないものが交互に出てくることがわかっています。それで、その大事な部分をエキソンと呼びます。その後に出てくるいらない部分をイントロンと言います。このように、イントロンとエキソンが交互に並んでいる構造を、ＤＮＡはとっていると考えてくださいね（図２）。後で詳しく言いますが、遺伝子は必ずＡＴＧから読まれてタンパク質が作られるという規則があります。ＡＴＧという三文字があるところから始まりますから、ＡＴＧ

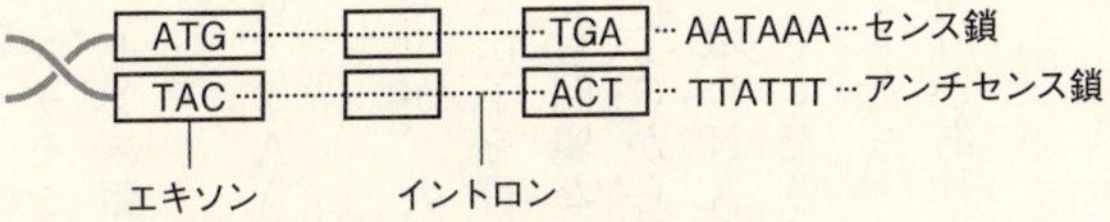

図２　エキソンとイントロン

がある方の鎖が本当の遺伝子がある方で、センス鎖と言います。もう一方のATGがない鎖（TACとなっている鎖）は、その相補的な鎖になるわけで、アンチセンス鎖といいます。ちょっと専門用語になって申し訳ないけど、このように、センス鎖とアンチセンス鎖というのがあります。では、遺伝子はどこで終わるのかというと、終わる場所も決まっていて、三通りあります。その三つとはTGA、TAG、TAAで、遺伝子はこの三カ所で終わることがわかっています。

で、遺伝子を書くとき、両方の鎖を書かなければ本当はいけないのですが、大事な方はセンス鎖ですから、センス鎖を書くという決まりがあります。「遺伝子を書き並べなさい」と言われたら、センス鎖とアンチセンス鎖のどちらを書いても問題ないのですが、センス鎖の方を書くようにしています。だから、教科書にはATGから始まっている方を遺伝子として書いてあります。でも、実際は裏側にもう一本DNAがあって、ATGの裏側はTACとなっているんだということを知っておいてください。もう一度復習しますよ。DNAの途中にATGがある。遺伝子はここから始まって、例えばTGAで終わる。ちなみに、この後に「AATAAA」という場所がありますが、何のためにこれがあるかは後ほど説明します。

遺伝子はタンパク質の設計図

それで面白いことに、私たちの体を作るときには、アンチセンス鎖を鋳型《いがた》にして一次転写産物というのを作ります。アンチセンス鎖を鋳型にするので、始めはTACの相補的なものができます。普通に考えるとATGとなりますが、実は一次転写産物というのはRNAという物質でできているため、Tの代わりにUという別の物質が入ってきます。これはこういうものだと覚えてください。DNAではTだったのが、RNAではUという文字に変わります。だから、一次転写産物はAUGから始まって、例えばUGAで終わり、そしてAAUAAA……と続きます（図３）。つまり、DNAの二本の鎖のうち片方を読んで、それと相補的なものができるわけです。ここから非常に面白いことが起こります。

次にメッセンジャーRNA（mRNA）という物

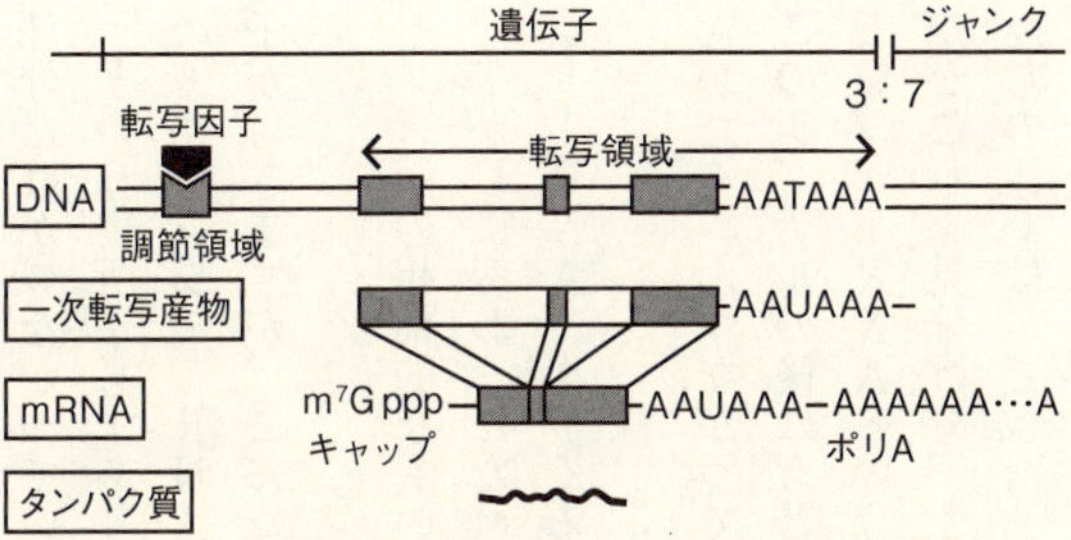

図３　遺伝子からタンパク質ができるまで

質が作られるのですが、そのときにいらないものがなくなっちゃいます。イントロンという、いらない部分が切り取られ、大事なエキソンの部分だけがつながっていきます。そして、後ろには先ほどお話しした「AAUAAA」という場所が必ずあり、そのちょっと後ろのところでちょん切られます。一方、このメッセンジャーRNAの分解を防ぐために、始めの方にキャップと呼ばれている帽子が付きますが、こんな専門的なことは本質ではありません。

ここでできたメッセンジャーRNAというのはアンチセンス鎖の相補的なものですから、実は、並びがセンス鎖とそっくりになるわけです。TがUに変わっただけですね。つまり、大切な方のセンス鎖が、そのままメッセンジャーRNAに出てくるわけです。

それで、先ほどの「AAUAAA」が実は「ポリA（Aがたくさんつながっているという意味）を付けろ」というシグナルになっていて、このシグナルの後にAという物質ばかりがずっと並んでいきます。これが正式なメッセンジャーRNAというものです。この「AAUAAA」というところがあると、何かがこれを見分けて、すぐ後ろに「AAA……」と並べていくわけです。つまり、私たちの体では、できたメッセンジャーRNAには必ずキャップが付いて、エキソンが並んでいて、ポリAが付く、こういう構造になります。

それで、このメッセンジャーRNAから皆さんの体が作られていくわけです。皆さんの体はタンパク質でできていますが、タンパク質というのはメッセンジャーRNAを読み取って作られているんですね。で、面白いことに、読み取られていくときは三文字ずつなんです。例えば、最初のAUGを読み取るとメチオニンというアミノ酸ができます。また、UUUというのがあると、フェニルアラニンというアミノ酸ができます。細かいことはどうでもいいんですが、とにかく三つずつ読み取っていくとアミノ酸がつながってタンパク質ができていくわけです。

つまり、タンパク質が体を作るので、皆さんの体というのはDNAのセンス鎖の並びで決まっているわけです。簡単に言うと、これが遺伝子はどういうものか、というお話ですが、今回は全体の流れだけをつかんでくれるとうれしいと思います。

遺伝子とDNAは違います

遺伝子について少しわかってきましたか？　ここからもうちょっと難しい話にいきます。

では、DNAと遺伝子はどう違うのだろうか？　遺伝子とDNAを同じように考えているかもしれませんが、実は違うんです。その話をこれからしていきます。

遺伝子というのは、そこからある一つのタンパク質ができるところを言います。例えばエキソンが三つあったとき、間のイントロンがなくなって三つのエキソンがつながり一種類のメッセンジャーRNAができます。そこから一つのタンパク質が作られますね。そういう場所のことを遺伝子と言います。

実は私たちのDNAでエキソンという部分は非常に少ない。逆に、イントロンという部分は非常に長いことがわかってきました。人間の場合は、一対二十くらいの長さです。エキソンが一としますと、イントロンが二十くらいあります。また、エキソンの間にあるイントロンは切り出されますが、では、一番最初のエキソンの前にある部分は何かというと、この部分は遺伝子をいつ、どこで、どれくらい発現させるかを決めている部分なんです。遺伝子は体の中で、みんな同じようにできては困ります。髪の毛のタンパク質は髪だけで作られなければいけないし、脳の遺伝子は脳だけで発現しなければいけません。そのような調節を行っている部分が遺伝子の前に存在し、時として後の方に存在する場合もあります。この部分を転写調節領域と言いますが、エキソンとイントロンにここを含めて全部を広義の遺伝子と言います（図3＝71頁《ページ》）。

そうすると、遺伝子以外のところって何でしょうか。遺伝子以外の部分をジャンクと言いますが、全くランダムで、文字がどう並んでいるか見当も付かない、ただ並んでいる、という部分です。人間の場合は、このジャンクと遺伝子が七対三くらいの割合になっています。つまり、人間の遺伝子はDNA全体の約三〇%で、エキソンの部分に限ると約二%しかないということになります。つまり、私たちの体を作っているDNAの部分は全体の二%と、非常に少ないんです。

人間のDNAの三分の一はウイルスの欠片《かけら》

面白いことに、このジャンクと呼ばれているところに驚くべきものが存在することがわかってきたんです。人間のDNAの七〇%を占めるジャンクの部分に、なんとウイルスの欠片みたいなものがいっぱい見つかってきたんです。私たちのDNAの約三〇~四〇%、つまり七〇%あるジャンクの半分くらいはウイルスの名残りということがわかってきました。私たち人間は、昔のウイルスの名残りを体の中にたくさん蓄えている、ということなんです。「えー⁉」と、皆さん思うかもしれませんが、例を一つご紹介しましょう。

ジャンクの中には「LINE《ライン》」と呼ばれている、約六千~八千塩基対の、ある特殊な配列があります。これは、生物が進化していく途中、ウイルスみたいなものが体の中に入り込んできた名残りみたいなもので、私たちの体の中に八十五万コピーも存在します。僕らの遺伝子は、普通一個や二個ずつしかありません。その中で同じようなものが八十五万も存在する。これは驚くべき数で、僕らのＤＮＡ全体の二一％を占めています。つまり、私たちのＤＮＡの二割は、ウイルスの名残りであるＬＩＮＥという配列だということになります。

もう一つ「ＳＩＮＥ《サイン》」という配列があって、非常に短い数百の塩基対の配列なんですが、僕たちの体は百五十万コピーももっています。これは全体の一三％を占めています。二つを足し算して三四％です。すごいですね、僕らのＤＮＡの三分の一はウイルスの名残り配列です。だから、人間は万物の霊長ですばらしい遺伝子をもっているわけではなく、ウイルスが積み重なってできたものであるらしい、ということも明らかになっています。

この辺で僕の専門が出てくるので、その話をちょっとだけさせてください。今紹介した二つのほかに面白い配列として、ミニサテライトという数十塩基の繰り返しや、マイクロサテライトという数塩基の繰り返しがあります。このミニサテライトやマイクロサテライトを使って親子鑑定や犯罪捜査をやっています。例えば、ペッと唾《つば》を吐くと、そこにはホッペの遺伝子がありますから、唾からＤＮＡを採って「こいつは誰だ」ということが簡単にわかります。だから、自動車に長い髪の毛が一本落ちていたら、それが誰の髪の毛か現在ではほぼ一〇〇％確実にわかります。このようにして親子鑑定などができるのですが、実はこのマイクロサテライトが変異すると、興味深い病気が出てくることがわかってきました。これは僕のやっている研究の一端なのですが、例を一つだけご紹介しましょう。

ＤＮＡの中に、「ＣＡＧ－ＣＡＧ－ＣＡＧ……」というように、ＣＡＧという三つの文字が繰り返されている部分があります。実は、ＣＡＧの繰り返しの数は人によって違うんです。だから、この繰り返しの数によって「これは誰だ」ということもわかってしまい、親子鑑定もできます。

それで、このＣＡＧの繰り返しが増える、例えば普通は十個くらいの繰り返しであるところが四十個になると病気になるという例が見つかってきたんです。これは非常に奇妙なことで、普通親子鑑定ができるということは、その家族の繰り返しの数はいつも決まっているはずです。十個の人はいつでも十個のはずで、子どもも十個のはずなんです。ところが、こういう繰り返しが増えてくるということがわかって、増えると手が震えてきたり、脊髄《せきずい》小脳失調症とか、ハンチントン病とか、非常に重篤《じゅうとく》な病気になるということが明らかになってきました。僕自身はこれがなぜ増えるかというメ

コラム 遺伝子が同じ双子の方が違いが大きいこと

一卵性双生児っていうのは、もともと卵が一つだったんです。それが二細胞になったとき分かれて、それぞれ子どもとして成長したわけです。だから、一卵性双生児の場合、遺伝子は全く同じです。ところが、例外があります。一つは、抗体の遺伝子が違うことが考えられます。例えば片方のお子さんは非常にきれいな環境で育ち、もう片方のお子さんは非常に汚い環境で育ったとします。そうすると、汚い環境で育った方は色々な感染症なんかにかかります。そうすると抗体を作りますが、抗体を作るときは遺伝子の組換えが起こるんです。君たちのもっている遺伝子が作り替えられるんです。だから違う抗体遺伝子をもっている可能性があります。ちょっと難しい話ですが、一卵性双生児でも遺伝子が違う場合もあるということをちょっと知っておいてください。

あと、一卵性双生児で大きく違うものは、何か知ってる？　一卵性双生児って、顔もそっくりだし、遺伝子もそっくりだし、大体みんな同じだよね。一方、二卵性双生児っていうのは、お母さんが卵を二つ排卵して、そこに別の精子が受精してできたものです。だから、これは兄弟のように子どもが二回できるのと同じで、遺伝子は少しずつ違うし、顔も違う。ところが、二卵性双生児と、一卵性双生児を比較したときに、一卵性の方が違いが大きいものが一つだけあるんです。実はそれは、生まれたときの体重なんです。体重は、一卵性の方が違うんです。

その理由はお母さんのお腹《なか》の中にあります。お母さんのお腹の中で、一卵性双生児は一つの胎盤の中で二人が育つわけです。ところが、二卵性双生児っていうのは胎盤が二個あって、その二個の胎盤の中で二人が育つんです。二卵性の場合は別々のところで育つので、均等に栄養が行き渡るんですが、一卵性の場合は同じところに栄養が行くので、競争が起こるらしいんです。そうすると、片方だけに栄養がよく行って、もう片方にはあまり行かないということが起こって、一卵性の方が生まれたときの体重は差が大きいんです。遺伝子は同じだけども、環境条件の違いで差が出てくることがあるということをちょっと知っておいてください。

カニズムを研究していますが、繰り返しが増えると病気になる例があるということもちょっと知っておいてください。

人間とチンパンジーの個体差

私たちのＤＮＡがどのようになっているか、もうちょっと例をご紹介します。もし近くに誰かいたらその人と顔を見合わせて、じっと目を見てごらん。そうすると、相手の黒目が見えますね。実は、嫌なものを見ると黒目が縮むんです。逆に面白いものを見ると黒目が開くんです。この話知っていました？　それにしても、みんな随分顔が違いますよね。こんなに顔が違っていて、遺伝子はどれくらい違うのでしょうか。皆さんびっくりすると思いますが、遺伝子の違いは数百文字に一個違うくらいの割合なんです。個人差というのは、ＤＮＡの文字でいうとそれくらいのものだっていうのを、ちょっと知っておいてください。

個人差の例をご紹介しましょう。個人差というのは、多いところで五〇〇～一〇〇〇個に一個の違いです。遺伝子はこれだけしか違わないのに顔も違うし、性格も違うし、すごい違いです。人類って非常に均一な生物なんです。つい最近人間のゲノムを全部調べたら、人間は皆そっくりの遺伝子しかもっていないことがわかりました。と

コラム　長生きする遺伝子

ある一個の遺伝子が変わると、寿命が二倍になるような生物が現れました。驚くべき話です。皆さんが二〇〇歳まで生きられる可能性もあるわけです。ある遺伝子が一文字変異しただけで、通常は二十五日で死んでしまう線虫という生物が二倍の五十日も生きるようになったんです。こういう例が出てくると、私たちの寿命みたいな複雑なものでも、遺伝子によって大きく変わる可能性が出てきたわけです。

ところで、ネズミの寿命は何歳か知っていますか？　大きなドブネズミであるラットの寿命は、普通約三年なんです。ところが、ラットからほんのちょっと分かれたリスの寿命は十年もあるんです。ほとんど同じ生き物なのに三倍も寿命が違います。そうすると、遺伝子がほんのちょっと違っただけで、寿命というのはすごく延びる可能性も出てくるわけです。こういうところが面白いですね。

ころが、人間に一番近い、ボノボというピグミーチンパンジーの遺伝子を調べてみると、明らかにボノボ同士の方が差は大きいんです。つまり、チンパンジーの個体差の方が大きいんです。チンパンジーは、一〇〇個とか五〇個に一個、お互いの個体で違いました。そういう意味では、チンパンジーというのは非常に広い種で、ヒトという種は非常に均一です。だから、人間は誰と結婚しても子どもがちゃんと生まれます。

さらに、チンパンジーの遺伝子とヒトの遺伝子を比べてみると、これが驚くべきことに、何百カ所では済まない程、ものすごく違っているんです。となると、チンパンジーからヒトに移ったとき、たった一個や二個の遺伝子が変わってヒトができたのでは、絶対ありません。とすると、チンパンジーからヒトに生まれ変わったときには、一回の変異ではなく、多分何十回も遺伝子変異を起こしたに違いありません。いや、何十回どころではなく、一〇〇回や、二〇〇回の遺伝子変異でもチンパンジーからヒトはできないくらい差が大きいんです。

となると、すごい大きな疑問が出てきます。本当に、何度も何度も遺伝子変異を起こしたとすると、その中間種というのが必ずあるはずです。また、今、人類は六十億人もいます。六十億人の中で一人くらい変な遺伝子をもっていてもいいはずでしょう。こんなに均一なはずはないんです。これは今、人類の誕生の一番大きな疑問です。なぜ人類はこんなに均一になったんだろうか。もっと遺伝子の差があっていいはずなのに、こうなったのはなぜだと思います？　チンパンジーからヒトに移るとき、多分色々な生物が生まれたに違いないんです。ところが、そのうちある生物だけが、二〇〇人とか、一〇〇〇人とか、非常に少なくなって、その中の個体から今のヒトが生まれてきたとしか考えられないんです。これはボトルネックと言うのですが、どっかでボトルネックが起こったに違いないんです。

つまり、遺伝子から考えると、チンパンジーからたくさんのヒトに近いものが生まれてきたに違いなくて、非常に強いボトルネックが起こったため、今みたいな均一な生物になったのだと考えられているのです。ほぼ数百人くらいの単位まで今の現世人類は少なくなって、多分その数百人が世界中に広がったのではないかと考えられています。それくらい、今の人類は均一であるということを頭に入れておいてください。

何も起こらない遺伝子変異

もうちょっとだけ、大切なことをお話しします。今回は、これからやる勉強の中で一番基礎的な勉強の日です。

ＡＴＧ－ＴＣＴ……と遺伝子があるとします。例えばこの遺伝子の最後のＴに紫外

コラム　電気をつけたまま寝てはいけない

電気をつけたまま寝る人と、真っ暗にして寝る人といると思いますが、実は両者ですごい差が出ることがわかってきました。皆さんは寝るときどうですか？　小さな電気をつけて寝る人、電気をつけたまま寝ちゃう人、真っ暗にしないと眠れない人、色々いると思います。でも、二歳ぐらいまでの赤ちゃんのときに明るいところで眠っていると近視になるらしい、ということがわかってきたんです。よく調べてみますと、二歳までに真っ暗にして眠っている人はだいたい一割ぐらいが近視になるんだけど、小さな電気をつけて眠っている人は三割くらいが近視になるっていうデータが発表されて、みんなびっくりしました。

これは人間だけなのかと、他の動物でも実験をやってみたわけ。例えば生まれたてのニワトリを、一つは明るいところで育て、もう一つは眠るときはちゃんと暗くして育てる。そうすると、やっぱりニワトリの視力にも差が出てくることがわかりました。だから寝るときは真っ暗にしないといけない、つまり目の発達には、この明暗の差が非常に大事だということがわかってきたんです。

それで、これから暗くして寝ないといけないなと、みんな思ったかもしれませんが、もう遅いんです。二歳までにそうしなければいけないんです。そういうお話があります。

線が当たって遺伝子変異が起こり、Cに変化したとします。つまり、ATG－TCC……となります。そうするとここからできるメッセンジャー－RNAはAUG－UCU……からAUG－UCC……に変わります。前に、メッセンジャー－RNAではTがUに変わるという話をしましたね。他の文字は同じです。このようにUがCに変化するわけです。つまり、最後のTがCに変わる遺伝子変異が起こったと仮定すると、メッセンジャー－RNAの並びも、AUG－UCCと、コーヒーになっちゃったね（笑）。こうなるようにわざとしたんですよ。わかって欲しいな、こういう努力は。

で、ここからタンパク質が作られるのですが、三つずつが一つのアミノ酸に対応するので、AUGという読みによってメチオニンというアミノ酸ができて、その次のUCUからセリンというアミノ酸ができます。これを遺伝暗号と言いますが、つまり、メチオニンというアミノ酸の次にセリンというアミノ酸、と順番に続いていきます。

ところが、遺伝子変異が起こると、遺伝暗号AUGは同じだけど、その次の遺伝暗号はUCCになっちゃいます。そうすると変異型は、最初はメチオニンですが、2番目はどうなるかというと、実はこれもセリンになるんです（図4）。

何だ同じじゃないか。つまり、遺伝子変異が起きても、できるタンパク質は同じなので全く影響がないんです。このように、遺伝子変異が起こっても体には全く影響がない場合があるというのが第一点です。すなわち、変異は形質に反映されない。これが変異についての最初の結論になります。

では、いつでもそうかというと、そうではありません。例えば先ほどの配列を用いてもう一つの例をご紹介しましょう。さっきは最後のTが変異しましたが、今度は四番目のTが紫外線によってCに変異したと考えてください。そうなると、メッセンジャーRNAで

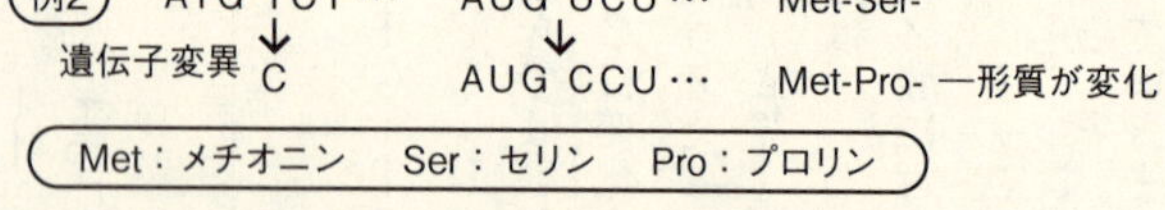

図4　遺伝子変異の影響

は、ＡＵＧ－ＵＣＵの四番目がＣに変わるわけです。さっきは遺伝暗号がＵＣＣに変わりましたが、今度はＣＣＵに変わっています。そうするとタンパク質は、メチオニン－セリンと続くはずが、変異型ではメチオニンの次がプロリンというアミノ酸に変わります。すなわち、今度は性質が変わったのです。つまり、この遺伝子変異を起こすと、できるタンパク質が変わる。タンパク質が変わるということは、体の形質が変わるということで、こちらの変異は形質に反映されるわけです。

今回の勉強で一番大切なことは、遺伝子変異が起こっても何ともない場合と、非常に重篤《じゅうとく》な病気になるような場合があるということです。だから、遺伝子が変異すると必ずしも何かが起こるというわけではないということです。それで、遺伝子の変異というのは全くランダムに起こりますが、変異があればあるほど悪いかというと、そうでもありません。色々な場合があることを知っておいていただきたいと思います。そういうことがわかっていると、これからお話しする遺伝の勉強が非常に面白くなります。

Q&A 質問タイム

学生A　遺伝子とDNAの違いがいまいちよくわかりません。

石　浦　DNAというのは二重らせんになっている物質の名前で、そのDNAの中で機能している部分、つまりタンパク質を作る部分を遺伝子と言います。で、遺伝子というのは、エキソンとイントロン、それに転写調節領域を含めた部分を言います。だから、DNAというのは遺伝子の部分と、ジャンクという何も作っていない部分からできているんですね。

＊

学生B　ポリAも遺伝子に含まれるんですか？

石　浦　ポリAはメッセンジャーRNAができてからくっつきます。遺伝子とはDNAの部分のことを言うので、ポリAは遺伝子ではありません。

＊

学生C　遺伝子というのは何塩基対なんですか？

石　浦　私たちのDNAというのは、塩基対がいっぱい並んでいます。これを全部足し算すると三十億塩基対になります。そして、長さは色々あるんですが一つの遺伝子は平均すると三万塩基対くらいだと言われています。

＊

学生D　ウイルスが何なのかよくわかりません。

石　浦　生物の定義の一つは、それ自身だけで自己複製できることです。だけど、ウイルスはそれ自身では自分と同じものを作ることができません。だから、ウイルスだけでは複製できないので、石とかと同じ物質だよね。だから、生物ではありません。たとえ、チクチクと針で刺しても動きません。生物の定義には、細胞でできているというものもあるのですが、ウイルスには細胞もありません。ところが、人間に感染すると、人間の材料を使って複製することができるようになります。確かに生物ではないけれど、ただの物質ともまた違う、非常に不思議なものだよね。

＊

学生E ウイルスの名残りが残っているというのはどういうことですか?

石浦 例えば人間のDNAの中に入り込むウイルスとして、エイズを引き起こすレトロウイルスがあります。これに感染すると、ウイルスのDNAが、ヒトのDNAに入り込んできます。そしてエイズが発病するときには、ウイルスのDNAがまた外へ出てエイズウイルスを作ります。でも、ヒトのDNAに入ったときに遺伝子変異が起こって、ウイルスとしての機能がなくなり外へ出られなくなって、ヒトのDNAみたいになっちゃったやつが名残りとして残っているんです。多分昔に入ったものが、子孫まで残ったものだろうと考えられています。それで、遺伝子というのは重複が起こったりするので、入った遺伝子がだんだん増えていったのではないかと考えられています。でも、なぜそうなったかはわかりません。

第3講義

第3講義　病気や体質とタンパク質

今回はタンパク質の話です。本講義では化学式を出さないようにすると話したものですから、なるべく具体例を示しながらタンパク質の機能についてわかるように構成しました。臨床検査やオーダーメイド医療のことがわかれば充分です。

3回目の今回はタンパク質の機能についてお話をします。遺伝子が変わればタンパク質も変わるわけですから、タンパク質が変わるということは元々の遺伝子も変わったということです。これからお話しすることは最終的に、遺伝病というのはこのように出てくるんだ、というお話になるのですが、まずタンパク質が何かということを知っておかなければいけません。既にお話ししたように遺伝子であるＤＮＡがタンパク質を決めています。これははっきりしていて、私たちはＤＮＡのとおりに体のタンパク質を作ります。

必要なとき必要なだけ

ところが、タンパク質はＤＮＡからいつでも同じ量だけ作られるかというと、そうではありません。つまり、タンパク質を作るのが非常に若い赤ちゃんのときなのか、年をとってからなのか、また、どこで作るのかということは、それぞれのタンパク質で全部違っています。そして、タンパク質がいつ、どこで、できるのか、ということが私たちの体のつくりを決めているんです。

人間というのは、最初は一見左右対称な一個の細胞から始まりますが、例えば、心臓が左側にあったり、胃が左側にあったり、体は左右非対称です。このような非対称はいつごろできるのでしょうか。調べてみると、発生の一番早い段階で既に細胞の中のタンパク質は非対称に分布していることがわかりました。つまり、タンパク質がどこでどのようにできるのか、ということが私たちの体を決めていることがわかってきたんです。

タンパク質の種類は遺伝子の種類より多い

もう一つ大事なのは、一つの遺伝子から何種類ものタンパク質が作られるということです。これも非常に珍しい現象で、一つの遺伝子からできるタンパク質は一種類だけかと最初思っていたんですが、そうではないということがわかってきました。これは、タンパク質のスプライシング現象と言います。第2講義で話しましたが、タンパク質というのは飛び飛びにあるエキソンから作られます。例えば、一つのタンパク質の情報は、DNA上に飛び飛びにあるエキソン1、2、3という別々のところにあり、それらがつながってメッセンジャーRNAという一つのタンパク質を作る中間段階になります。ここで普通は1、2、3と順番に並ぶわけですが、ものによっては1から3まで飛んだメッセンジャーRNAができる場合があるんです。つまり、2を飛ばして1と3だけでメッセンジャーRNAを作ることになり、ここからできるタンパク質は真ん中の部分が欠けたタンパク質になります(図1)。

このようにして、1と3だけではなく、例えば1と2だけでできるようなものもあるし、ものによっては2と3だけでできるような場合もあります。このように、エキソンがいくつかあった場合、そこからできるメッセン

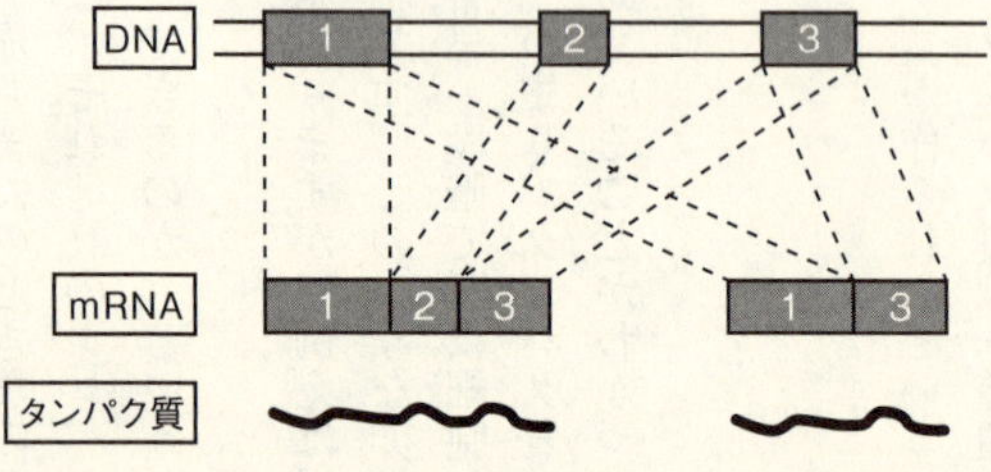

図1　一つの遺伝子からできる複数のタンパク質

ジャーRNAは何通りも可能になります。そうすると、そこから作られるタンパク質というのは長かったり、真ん中が欠けていたり、端が欠けていたりするものができて、結果的に機能の異なるタンパク質が何種類もできてくるわけです。

これがスプライシングという現象で、スプライシングを使うと非常に多様なタンパク質を作ることができます。だから、人間の遺伝子は二万五千しかありませんが、タンパク質は十万種類以上あるんです。どういうことかというと、一個の遺伝子から何種類も別々のタンパク質ができていて、例えばあるタンパク質は脳で働き、異なるスプライシングでできたタンパク質は筋肉で働く、というように別のところで別の時期に働いているんです。そういう時間空間的な多様性がスプライシングという現象で生じてくるということがわかってきました。人間の多様性というのは、一個の遺伝子から機能の違うタンパク質をいくつも作るという多様性から生まれてきたわけです。これが非常に面白いところで、進化した生物はスプライシングをよく行っているんですね。

これはなかなか面白いところですね。ある一個の遺伝子が、赤ちゃんのときに発現するか大人になってから発現するか、また脳に出るか筋肉に出るか、ということだけではなく、一個の遺伝子から多様なものが色々な場所にいくつも出てくるということが、人間の遺伝子の非常に大きな特徴であるということが明らかになっています。このスプライシングという現象は覚えておいてください。

で、人間の体というのはどうやってできているのか調べるには、個々の遺伝子の産物（タンパク質）の機能を全部調べてやればいい。だけど、十万以上ものタンパク質を調べなければいけないので、現在はまだそこまでいっていません。まだ、ヒトゲノムの解析がやっと終わって、全部で何種類の遺伝子があるのかが、ようやくわかったところです。

私たちの中にあるタンパク質

ここから少し身近なお話をしましょう。先日、何かタンパク質の名前が書いてあるものはないかと思って、家にあるものを全部ひっくり返してみたのですが、意外とタンパク質の名前というのは書いてありません。タンパク質は英語でプロテインと言います。一般的にプロテインと書いてあったら「あ、何か飲むと体にいいものだな」とか「筋肉がつくものだな」という印象が皆さんにはあると思いますが、プロテインというのは一般名称であって、本当はタンパク質全体のことを指します。でも、市販されているプロテインというのは、ほとんどが大豆タンパク質です。つまり豆乳みたいなもんです。豆乳みたいなものを飲むと筋肉がつくというので運動選手はプロテインをたくさん飲んでいますね。

で、プロテインの中にはどんなものがあるか。例えば筋肉の中にはミオシン、アクチンというタンパク質。また、コラーゲンも筋肉の中にたくさんあります。皆さん、コラーゲンを食べると肌がつやつやになるって、煮こごりを食べたり、豚足を食べたりしていますね。でも、肉の四分の一はコラーゲンですから、わざわざコラーゲンというようなものを食べなくていいんです。肉を食べればいいだけの話です。で、このコラーゲンというのは食べると体の中で作り替えられて皮膚の成分になりますから、そういう意味では食べれば食べるほど肌がつやつやになることがわかっています。

その他に、例えば赤血球の中にはヘモグロビンというのがあります。タンパク質自体は色があまりついていないのですが、これは鉄を含んでいるため鈍い赤色をしています。また、目って透き通っていますよね。透き通っている目の中には、結晶という意味のクリスタルに因《ちな》んでクリスタリンという名前のタンパク質があります。

名前を付けるセンス

タンパク質の名前というのは見つけた人に付ける権利があるんです。で、ある日本人の先生が筋ジストロフィーの遺伝子を見つけました。その筋ジストロフィーは、普通の筋ジストロフィーと違って、福山幸夫《ゆきお》先生という方が見つけた福山型筋ジストロフィーなんです。なので、見つけたタンパク質の名前をフクチンと付けた。なんかかわいい感じだよね。でも、フクチンと聞いてかわいいなあと思うのは日本人だけだよね。外人は何でフクチンって名前を付けたのだろうかと疑問に思うわけですが、名前を付けたもん勝ちなんです。だから、フクチンという名前が世界中に通っていっちゃいました。

また、名前を付けることについては対立することもあります。丸山工作先生という方は筋肉の中でミオシンとアクチンをくっつけるタンパク質を見つけて、コネクトするタンパク質だからコネクチンという名前を付けたんです。なかなかいい名前です。ところが、コネクチンというタンパク質は非常に巨大なタンパク質だったんですね。巨大なタンパク質だからアメリカ人の研究者は巨人みたいだというのでタイチンという名前を付けたんです。同じものに対して二つの名前が付いちゃったわけです。そうすると、同じ会議で、ある人はコネクチン、ある人はタイチンと言っている状況になってしまいました。これは非常にまずいわけで、どっちかに統一しないといけません。日本人はみんな断然コネクチンと言い張っています。

それで、どうなったかというと、やっぱり日本人の方が英語をしゃべる能力が弱かったりするため、残念ながらだんだんとタイチンの方が広がってきて、今では四人に三人ぐらいはタイチンの方を使うようになりました。こういうことは、なかなか日本人には残念な話ですが、一般的には呼びやすい名前の方が採用されやすい。だから、名前を付けるときはなるべく呼びやすい名前を付けるのがいい。

また、あるタンパク質にモジュレータープロテインという名前を付けた先生が日本にいました。ところが、ある人が後からモジュレータープロテインは長いから、カルシウムがくっつくのでカルモジュリンという名前を付けたんです。確かに、モジュレータープロテインと呼ぶよりもカルモジュリンと呼んだ方が簡単なわけです。だからもう、カルモジュリンが広まって一〇〇％この名前になっちゃいました。だから、何か新しいものを見つけたら、「俺が見つけたから自分の名前を付けるんだ」なんて言わないで、とにかくわかりやすい名前を付けた方がいいということです。

実は、私たちも昔、名前を付けたことがあるんです。自分で初めて見つけたタンパク質に名前を付けました。これはカルシウムイオンがあると細胞の中のタンパク質をちょん切るので、カルシウムによって活性化されるということで、カルシウムアクチベイティッド・ニュートラル・プロテアーゼという名前を付けたんです。誰もこんなもの呼んでくれない。で、後から見つけた人がこれをカルパインという名前に変えてしまいました。そうしたら、みんなカルパインという名前を使い始めて、今では私の方からカルパインと呼んでいます。もっとあのとき簡単な名前を付けておけばよかったなぁと思っています。このように、名前を付けるということに関しても競争があるということを知っておいてくださいね。

タンパク質にまつわる二つの質問

このように、タンパク質って一般に呼びやすい名前が付いているので、一度聞けばすぐに覚えちゃいます。あとは何とかアーゼと呼ばれているものがあって、体の中の化学反応を司《つかさど》る酵素の名前としてよく使われています。例えばセラチオペプチダーゼとか、とにかく何とかアーゼと付いたら酵素だなとわかります。これはこれで非常にわかりやすい命名法ですね。ああ、そうか、タンパク質はそういうものだな、とわかっていただけたでしょうか。それでは、これから私が二つ質問しますので、その質問にちゃんと答えられますか？

問1　牛の肉を食べても皆さんはなぜ牛にならないのですか？

牛になったら面白いよね。焼肉食べた人が大きい牛になったりしたら、なかなか興味深いのですが、残念ながら牛の肉を食べても牛にはなりませんし、鶏の肉を食べても鶏にはなりません。これは一番大事なところで、タンパク質というのは食べたら必ず分解されちゃうんです。とにかくタンパク質は私たちの体の中で消化されてアミノ酸に変わります。そして、アミノ酸に変わった後、私たち人間に合うようにヒト型に作り替えられるわけです。人間は何でこんなに面倒くさいことをやっているのでしょうか。タンパク質をお腹《なか》の中でわざわざアミノ酸にして、それを吸収してヒト型に作り替えるのだったら最初からアミノ酸を食べた方が効率いいに決まっています。

では、なぜ人間はアミノ酸を食べないのか？　なぜ人間はタンパク質を食べるのを好んで、アミノ酸を食べるのをあまり好まないのかというと、答えはタンパク質の方が美味《おい》しいからです。アミノ酸を食べてもあまり美味しくないんです。毎日アミノ酸飲料だけで暮らしていくというのは耐えられませんよね。ところが、肉には歯触りとか匂《にお》いというものがあって美味しい。だから、いったんわざとエネルギーを使ってアミノ酸に変えているんです。

また、昔の宇宙飛行士はタンパク質を食べませんでした。宇宙にはアミノ酸を持っていっていました。その方が吸収効率がよくて、ほんの少し食べただけでエネルギーになります。それと同時に、アミノ酸を食べると便の量が少なくなるんです。一方、タンパク質を食べると便の量が多くなります。そういう違いがあります。宇宙旅行で宇宙船がうんこいっぱいになったら困りますからね。

便の話がでたのでついでに言いますが、黄色い便が出るときだけはちょっと覚えておいてください。ちょっとべとべとした、何となく酸《す》っぱい感じの黄色い便が出るときは脂《あぶら》っこいものの食べ過ぎです。それだけ覚えておいてください。脂っこいものをたくさん食べると脂質を分解するリパーゼがちゃんと働かなくて、脂質がそのまま便の中に出てきてしまいます。そうすると固まらないでべとべとした感じの便になります。そういうことがあった場合には、少し脂肪分の取りすぎであるということを覚えておいた方がいいですね。

あまり役に立たない知識でしたが、ここから少し役に立つ話をします。

問2　血液検査の値の意味はちゃんとわかりますか?

血液検査というのはタンパク質の検査をしていることが多いのですが、GOTとかGPTという検査項目を聞いたことがあると思います。これは何を検査しているのでしょうか。また、酒飲みはアミラーゼの値が高くなりがちで、高いとお医者さんに

「これは飲みすぎですね」と言われますが、アミラーゼというのは何の検査をしているのでしょうか。さらにクレアチンキナーゼの量もある検査で使われます。検査表を見ると必ずどこかに書いてありますが、この値が高いと体にどういうことが起こっているのでしょうか。常識としてこれらのことは少し知っておいた方がいいかもしれません。

ＧＯＴ、ＧＰＴというのは、もちろん肝機能を調べるものです。アルコール性の肝炎とか、肝硬変になっているとか、そういうことがＧＯＴ、ＧＰＴでわかります。で、なぜ肝臓のことがわかるかというと、肝臓にはＧＯＴ、ＧＰＴという酵素が非常に多いんです。他のところにもあるんですが、特に肝臓に多いんです。それで、肝臓が壊れると、それが血液の中に出てくるわけです。だから、血液でこれが高いということは肝臓が壊れているという証拠になるわけです。

つまり、血液検査というのはどの臓器が壊れているかを調べる検査なんです。で、Ｂ型肝炎などのウイルス性肝炎のときにＧＯＴ、ＧＰＴが高くなります。他にも肝臓の場合は色々なものがあって、例えばアルコール性の肝炎の場合はγ《ガンマ》ＧＴＰという酵素が多くなります。肝癌《かんがん》になったらα《アルファ》フェトプロテインというものが非常に多くなります。このように病気の種類によって出てくるものの量が違いますので、血液中

コラム 私の妊娠診断薬

私が若いときにやったお話をしましょう。胎盤から何か出てくるものがないかという研究です。私のいた研究室に産婦人科の先生が研究に来ていました。産婦人科の先生と言っても十代の性とか、そういう研究ばかりやっているわけではなくて、ちゃんと赤ちゃんが生まれるかという研究などをやっているんです。

そして、一緒に胎盤だけにあるものを見つけましょう、ということになりました。胎盤だけにあるものを見つけた場合、それを血液検査で調べると何がわかります？ 妊娠しているかどうかがわかるよね。だから、妊娠の診断薬を作りましょう、ということになりました。これはひょっとして儲《もう》かるかもしれません。血を採るって大変でしょう。もし、「舐《な》めて赤くなったら妊娠している」とわかる方法があったら一番いいですよね。というので、「よし、これをやろう」と、今から二十年前くらいにその産婦人科の先生と一緒に胎盤だけにあるものを見つける研究を始めました。

そうしたら、詳しい名前は言いませんが、結構面白いものが見つかってきて、妊娠するとこれらは確かに血中濃度が上がってくるんです。つまり、これは妊娠診断薬になりそうなので、ひょっとして初めてお金になる研究ができるかも、と思ったことがありました。ところが、残念ながら竹やりでやっても駄目で、大手の製薬会社はそれこそ人員をどっと動員して、舐めてわかるとか、尿を入れただけで色が変わるという診断薬を先に売り出しちゃったんです。しかも、そっちの方がずっと鋭敏にわかるわけです。何を測っているのかというと、ホルモンの量を測っていて、妊娠すると量が変わるホルモンというのはおしっことか血液に現れてくるんです。おしっこは誰でも毎日していて、それを一滴採るだけで測れるので、簡単に妊娠かどうかがわかります。これを先に売られてしまいまして、残念ながら私の仕事は海の藻屑《もくず》となりました。

でも、胎盤だけにある特殊なタンパク質がある、というのはちゃんと論文に残っているので、研究してよかったなぁと今でも思っています。まとめると、臓器特異性というのをうまく使うと色々なことができるというのもわかってきました。

のこれらのタンパク質を測ることで調べることができます。

同じようにアミラーゼというのは膵臓《すいぞう》に多いんです。だから、アミラーゼが血中に出ているということは膵臓が壊れているということで、例えば膵炎などになると高くなります。ちなみに、左の腰の後ろ辺りが痛くなるというのは膵炎が起こっている証拠です。特にアルコール性の膵炎になると、お酒を飲んだときに腰の辺りが痛くなります。だから、大酒飲みの人が気をつけなければならないかどうかは、アミラーゼの量を測ればわかるわけです。

そして、三番目のクレアチンキナーゼは筋肉が壊れていると値が高くなります。ところで、デュシェンヌ型筋ジストロフィーは筋肉の量が減っていくという病気ですが、三歳ぐらいまではむしろ増えているんです。筋肉が肥大して、ふくらはぎが膨れているように見えます。だから、お母さんは自分の子が筋ジストロフィーだとは思わない。そして、後になって非常に走りにくいとか、立つときに必ず手をつくとか、そういうことで、何かちょっと違うなと気付くんです。しかし、一見ふくらはぎが膨れていて、筋肉のボリュームは増えていますが、クレアチンキナーゼの値は生まれてから非常に高い値をとっています。しかも、その値は正常の何百倍と高い値をとっています。ということは、もうその時点で筋肉が壊れているんですね。つまり、壊れては新しく作り替え、作り替えては壊れて、ということになっている。だから、血中の量の方が鋭敏にその病気がどうなっているかを判断することができます。

これらのことから、タンパク質というのは臨床検査に非常によく使われていることがわかると思います。では、脳はどうでしょうか。知りたいと思いませんか？　脳みそが溶けていたら血中に何か出てくるんでしょうか？　誰かをちょっと血液検査して、「あ、この人は脳が半分溶けている」などとわかると非常に便利です。研究者はこういう研究に興味をもつので、脳だけにあり、血液に出てくるものを必死になって調べました。そうしたら、変な名前ですが、14－3－3という脳だけに非常に多いタンパク質が見つかり、これを調べれば脳が壊れているかどうかわかる、ということがだんだん明らかになってきました。特に14－3－3は、プリオン病で高いと言われています。アルツハイマー病みたいにゆっくり症状が進む病気ではなくて、クロイツフェルト・ヤコブ病とか狂牛病とかのように、結構速く症状が進む脳の病気では、14－3－3がいい指標になるということがわかってきて、今色々話題になっています。

生活に欠かせないタンパク質

タンパク質というのはどういうものか、少しわかっていただけたと思います。ところで、私の家にある風邪薬の中には塩化リゾチームが入っていて、胃薬の中にはセラチオペプチダーゼやビオヂアスターゼという酵素が入っていました。はい、これらは何のために入っているかわかりますか?

アーゼと書いてあるのは酵素ですね。塩化リゾチームにはアーゼが入っていませんが、これは細菌の細胞壁を溶かす酵素です。リゾチームには胃壁とか気管に入ってきたバイ菌の細胞壁を溶かし、殺す働きがあるのです。実は、リゾチームは皆さんの涙の中にも入っています。だから、涙には目から入ってこようとするバイ菌を溶かす働きがあるということです。涙が出るというのは悪いことではありません。で、細胞壁を溶かす酵素というのは外敵から身を守るために非常に必要なわけです。

次に、セラチオペプチダーゼがなんのために胃薬の中に入っているかというと、ペプチダーゼというのはタンパク質を分解する酵素を表します。胃の中にたくさんタンパク質が入ってくると胸やけがします。そういう場合にこのペプチダーゼを飲むと、胃の中のタンパク質を早く分解してくれるわけですね。同じように、ビオヂアスターゼというのはでんぷんを分解します。つまり、ご飯を食べ過ぎたりした場合、胃の中の炭水化物を分解することによって体が非常に楽になるということです。なかなかうまいこと使っているなぁという印象があります。薬の中には、このようにタンパク質をうまく利用して私たちの体を助けているというものがあるわけです。

ところで、昔からの言い伝えというのがあります。例えば、「お腹を壊すので生の豆を食べるな。豆は必ず煮て食べなさい」という言い伝えがあります。また、「お餅《もち》を食べるときは大根おろしと一緒に食べなさい。そうすると非常に消化がよくなります」という言い伝えもある。この言い伝えもタンパク質の性質で簡単に説明できます。

なぜ、「生の豆を食べるな」と言うかというと、生の豆の中には私たちの消化酵素の一つであるトリプシンを抑えるトリプシンインヒビターという物質が入っているからです。トリプシンインヒビターがあると膵臓から腸に出てくるトリプシンを抑えてしまうので消化ができなくなるんです。で、すぐ下痢になってしまう。だから、生の豆は絶対に食べてはいけません。でも煮てしまえばトリプシンインヒビターは壊れてしまいますから大丈夫です。

餅と大根おろしはご存じですね。大根おろしの中にはお餅のでんぷんを分解するアミラーゼという酵素が非常に多いので、消化が非常によくなります。だから、つきたてのお餅を大根おろしと一緒に食べると非常に美味しくたくさん食べられます。これもタンパク質の性質をうまく使った言い伝えになるわけです。

タンパク質一つで肺気腫《はいきしゅ》に

　このように、タンパク質というのは大事な役割をしていて、私たちの生活に非常に必要だということがわかったと思います。そこで、これからタンパク質がうまく働かなかったときに病気になる例についてお話ししたいと思います。タンパク質中のアミノ酸が一つ異なっても病気になる例が色々見つかってきました。また、一〇〇個とか二〇〇個のアミノ酸のうち、たった一個がおかしくても（機能が変わっても）病気になる場合があります。病気にならなくとも、なりやすくなったりと個人差が出てくる。逆に言うと私たちの個人差というのが遺伝子で決まっているらしいという例が、色々明らかになってきたんです。そのうちの一例をこれから紹介します。α１アンチトリプシン異常というシビアな病気のお話です。

　α１アンチトリプシンというタンパク質は肝臓で作られています。名前がアンチトリプシンでトリプシンの反対という意味だから、トリプシンを抑える物質のように思いますが、実は名前のとおりの働きではありません。α１アンチトリプシンは血液の中に分泌《ぶんぴつ》されますが、血液の中にはパックマンみたいなやつがいて、放っておくと何でもちょん切ってしまいます。α１アンチトリプシンはこのパックマンのところにうまく挟まって、パックマンを抑えているということがわかってきました。ところで、このパックマンの正体は何かというとエラスターゼという酵素です。エラスターゼを抑えているから、α1アンチエラスターゼが本当はふさわしいのですが、一番初めにアンチトリプシンという名前が付いちゃったのでしょうがない。そういう名前で呼ぶことになってしまいました。

通常は、エラスターゼが血中に分泌されてもα1アンチトリプシンが抑えてしまうために、エラスターゼは何でもちょん切るという働きがあっても別に悪さをしていません。ところが、α1アンチトリプシンがないと、エラスターゼは血液に乗って肺に行ってしまいます。で、肺の壁の細胞にはエラスチンという肺の壁の弾力性を作っているタンパク質があります。皆さんが息を吸うと肺が膨らむというように、弾力性があるのはこのタンパク質があるためだと現在考えられています。で、肺に行ったエラスターゼはこのエラスチンを分解してしまうんです（図2＝次頁《ページ》）。つまり、血液にα1アンチトリプシンが分泌されないと何が起こるかというと、エラスターゼが肺に行ってエラスチンを分解してしまい、肺気腫という病気になることがわかっています。もちろんα1アンチトリプシンが最初から合成されない場合も肺気腫になってしまいます。わかりますね。つまり、エラスターゼが働き過ぎて肺気腫という病気が出てくるんです。

ところで、α1アンチトリプシンが合成されないという遺伝病の方は必ず肺気腫になるんですが、肺気腫になるのは大体四十五歳くらいだということがわかっています。しかし、この方が若いときから煙草《たばこ》を吸うと三十歳で発病してしまいます。これは煙草の害として最も有名なものの一つで、喫煙者では遺伝病が早く発病するようになります。煙草が病気に一番影響を及ぼす環境要因である例として、α1アンチトリプシンのお話をしました。だから、煙草喫《の》みの人はちょっと気を付けておかないといけません。

回り回って出てくるもう一つの病気

そこで、問題です。α1アンチトリプシンは全部で三九四個のアミノ酸からできているタンパク質で、図3のような形だと考えてください。

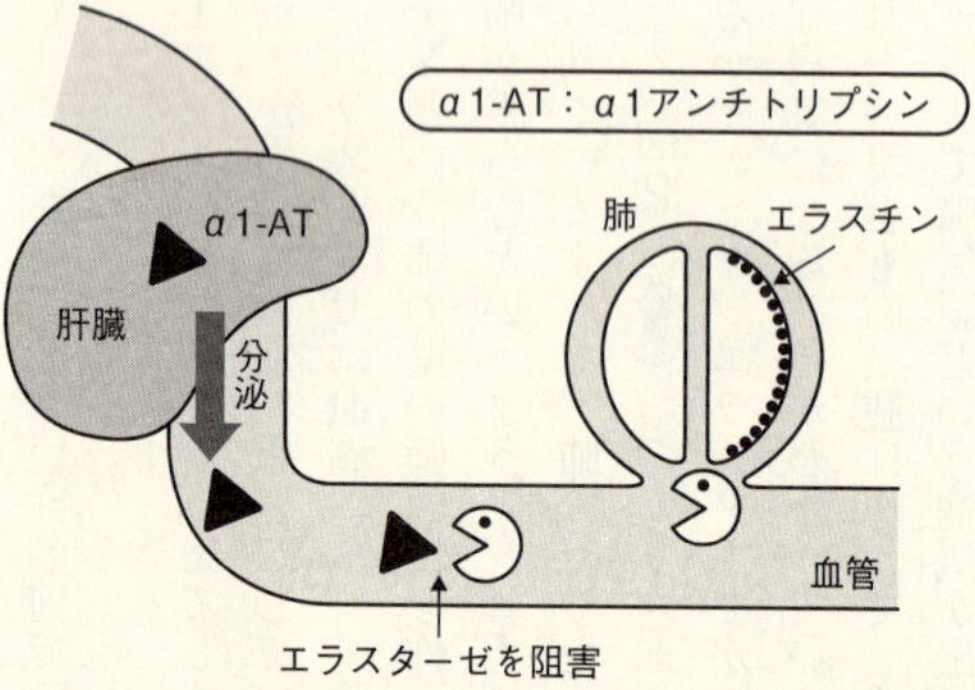

図2　α1アンチトリプシンによるエラスターゼの阻害

普通の人は、この途中の配列で三五八番はメチオニンというアミノ酸、三五九番はセリンというアミノ酸になっています。実は、エラスターゼはこのメチオニンとセリンの間をちょん切ります。だから、α1アンチトリプシンは二つに分断されるわけです。で、α1アンチトリプシンが分子レベルではどうやってエラスターゼを抑えているかというと、面白いことに切られたときエラスターゼがそこにトラップされるということがわかってきました。エラスターゼはα1アンチトリプシンを切断するのはいいけれども、そこに捕まってしまうということがわかってきたんです。つまり、エラスターゼはもう

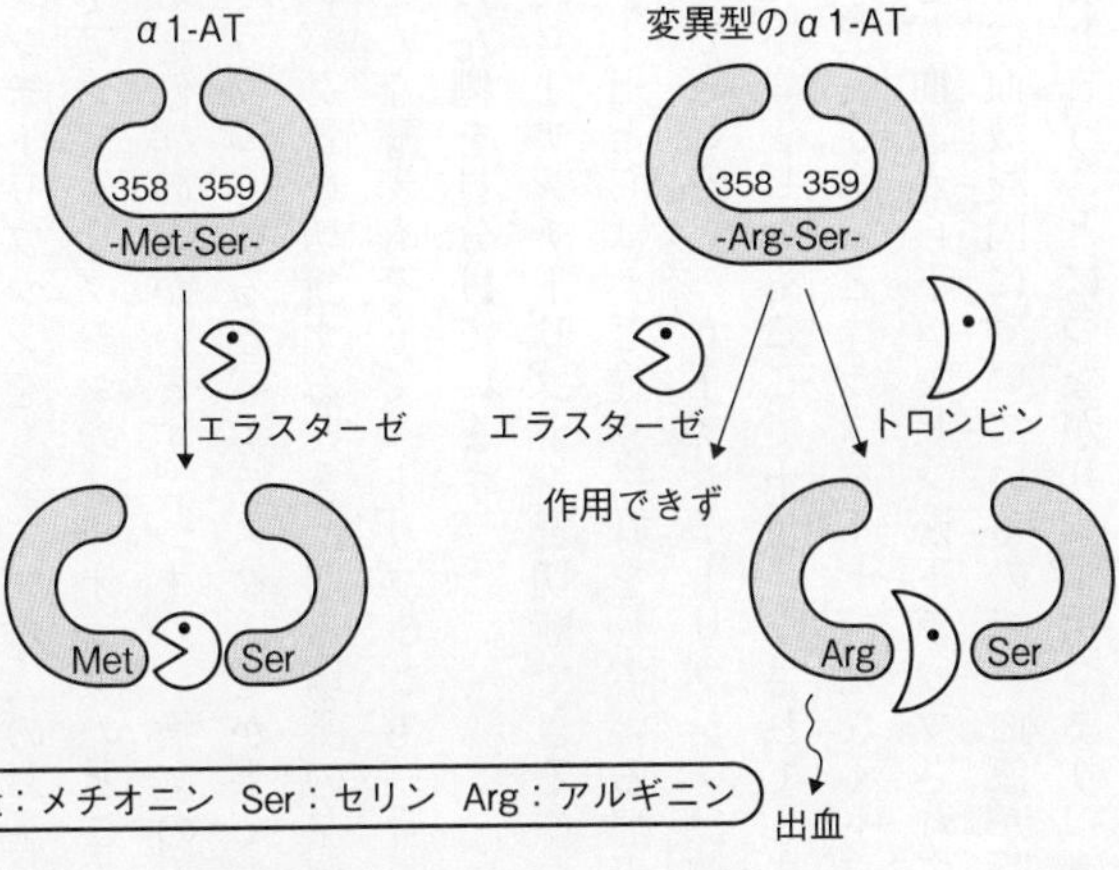

図3　α1アンチトリプシンの切断

身動きできなくなる。だから、エラスターゼはそこで壊れるしかなくなるということがわかってきました。これが正常のα1アンチトリプシンをもっている人のお話です。

ところが、遺伝子に異常があって、α1アンチトリプシンのメチオニンのところがアルギニンというアミノ酸に変わっている遺伝病の人がいます。つまり、病気の人はたった一個アミノ酸が違うんです。で、そうなっていると、エラスターゼが来ても切れないんです。実は、エラスターゼがタンパク質を切断するときは切る場所の左側のアミノ酸を見分けて切断します。これはどんな酵素もそうで、トリプシンも、キモトリプシンも、ペプシンも、みんな切断点の左側を見分けています。

ところがですね、アルギニンに変わったα1アンチトリプシンを切断できるやつが体の中に一人いたのです。それはエラスターゼとちょっと違う格好をしている酵素で、トロンビンと言います。すると何が起こるかというと、α1アンチトリプシンは切られちゃうんですが、エラスターゼと同様にトロンビンもここでトラップされてしまうことがわかってきました。つまり、遺伝子異常があるとエラスターゼではなくトロンビンがトラップされるんです。そうすると、血液からトロンビンがトラップされてなくなっちゃうわけです。実は、トロンビンは血液凝固に効いているので、血液が凝固できなくなる。これは、脳出血を起こしてしまうことにつながります。つまり、遺伝病の人は回り回って脳出血になり、悪くすると亡《な》くなってしまうということがわかってきました。血液凝固に効いているトロンビン自体に異常があるわけではないんです。全然違うα1アンチトリプシンにたった一個変な異常があるためにトラップされるものが変わってきて、逆に言うとトロンビンは、自分は全く関係なかったのにここでトラップされてしまって、α1アンチトリプシンの機能とは本来関係のない病気が出てくるということになるわけです。

これは一番初めにピッツバーグというところで見つかったので、現在このα1アンチトリプシンの異常はα1アンチトリプシンピッツバーグというふうに呼ばれていて、この病気の人がたくさんいらっしゃるということもわかってきました。なかなか怖い話ですね。まとめますと、α1アンチトリプシンがおかしいと肺気腫になるだけのはずだったのに、それだけではなく回り回って血液が固まらない出血という病気も出てくるということが明らかになってきたわけです。つまり、一個異常があると回り回って全然違う病気が出てくることがある。

解毒《げどく》作用をもつタンパク質

このような人間の病気としては非常に致命的なものも、単純なタンパク質の異常で起こるという例が、他にも色々明らかになってきています。で、もう一つは、病気ではなくて皆さんの生活にかかわる遺伝子異常についてお話しして、今回の最後のお話にいたします。

それは皆さんの薬に対する耐性についてです。これこそ個人差です。皆さんの体には個人差があります。例えば、ある人はお肉をどれだけ食べても元気だけど、ある人はちょっと食べただけで下痢をするとか、そういう食べ物に対する違いがあります。もう一つは、うちのお母さんは風邪薬を飲んだらすぐ効くけど私は全然効かないとか、同じ家族の中でも薬の効きがどうも違うことがあるらしいということがわかってきました。

お話の主人公は肝臓のＣＹＰ《シップ》（シトクロムＰ４５０）という酵素です。このＣＹＰという酵素は驚くべき働きをしていて、皆さんの体の中に悪い化学物質が入ってきたときに、ＮＡＤＰH_2という物質を使ってとにかく水に溶ける形にする働きのある酵素です。例えば、ダイオキシンという物質が体の中に入ってきます。ダイオキシンというのはすごく毒なので、そんな毒が体の中にあると困るから、それを水に溶かしておしっこで排せつしないといけません。化学反応式が出てきて申し訳ないのですが、具体的に

$$R{-}H + NADPH_2 + O_2 \rightarrow R{-}OH + NADP + H_2O$$

図４　遺伝子変異の影響

コラム　植物は毒、動物は安全

皆さん植物が毒だと知っていますか？　植物というのは生で食べたら通常は毒なんです。一方、動物は毒ではありません。ですから、サバイバルハンドブックにはジャングルで迷ったときにお腹《なか》が減っても、その辺の植物を食べたら絶対に駄目だと書いてあると思います。何か甘い実がなっていたとしても、甘いものの中には必ず細菌がウヨウヨいますから、それを食べるとすぐに下痢になります。普通の動物に毒はないので、お腹が減ったときには川から魚を捕まえるとか、ジャングルでは土を掘れば必ずカブトムシの幼虫か何かが出てきますので、カブトムシの幼虫などを食べるのが一番いい。あれは栄養価が非常に高い。もちろん毒をもつ何とかガエルとかはありますが、動物には大体あまり毒がありません。だから、必ずお腹が空《す》いたら動物を捕まえて食べるようにして、その辺に咲いている植物を食べたら絶対に駄目ですよ。気を付けてください。

じゃあ、何で野菜を生で食べられるかというと、今まで食べられなかったものを品種改良して、最近になって生で食べられるようになったんですよ。だから、昔からある植物というのは大体みんな毒なので、変な野草を取ってきて生で食べるのは絶対によくないということを知っておいてください。で、そういうものは水に溶けないから、体に入ってくると体に蓄積していって細胞が死んでしまいますから、CYP（本文参照）は非常に役に立っているわけです。

は図4（116頁）のように化学物質RにOHを付けて水溶性にしてしまう酵素で、残りはNADPと水になってしまいます。

実はCYPという酵素が人によってすごい差があるということがわかってきました。なかなか面白いでしょう。よく調べてみると、ヒトゲノムの中にCYPは何と五十七種類もあることがわかってきました。イネに至っては三〇〇種類以上もあるということがわかり、同じような遺伝子がこんなにたくさんあるのは、驚くべき機能分担を行っているからだということがわかってきました。

例えばCYP1というのはダイオキシンを分解する酵素で、体の中に入ってきた化学的に塩素がついたような毒物を代謝することがわかり、CYP2は植物由来の毒を全部排せつするということがわかってきました。

また、ＣＹＰ３というのは面白いことに、グレープフルーツジュースで働きが阻害されることがわかってきました。ＣＹＰ３も普通は何か毒物を水溶性にする酵素なんですが、これだけはグレープフルーツジュースで阻害されちゃうんです。ところで、薬は毒だよね。毒で癌《がん》細胞とか、色々なものを殺しているんですよね。だから、薬が体の中にたまっていくと非常に毒性が強くなりますから、薬を飲んだら普通は二時間ぐらいで排せつされないとまずいわけです。普通はそうなるのですが、薬と一緒にグレープフルーツジュースを飲むと阻害されるために、薬の濃度が体でどんどん高くなっていきます。つまり、副作用が出やすいんです。だから、薬は絶対にグレープフルーツジュースと一緒に飲んではいけません。知っていましたか？　でも、面白いことにミカンジュースだと何も問題がないのです。グレープフルーツやブンタン、ダイダイなど特定の柑橘《かんきつ》類の中にだけ阻害する成分が入っていることがわかっています。

薬の効きやすい人と効きにくい人

いろんな薬の中には植物由来の成分が結構たくさん入っていて、肝臓のＣＹＰ２はとにかく植物から作った色々な成分を分解することがわかっています。実は、このＣＹＰ２が人によって非常に強い人と弱い人がいるということがわかってきました。非常に強い人のことをスーパーメタボライザーと呼びます。ＣＹＰ２の遺伝子は普通一個しかないのですが、人によっては遺伝子が重複しているそうです。そういう人は二倍の効力をもっていて、薬を飲んでも早く分解してしまいます。

その他に、エクステンシブメタボライザー、インターメディエートメタボライザー、最も分解できない人をプアメタボライザーというふうに、ＣＹＰ２の分解能力の違いで名前が付けられ、今の日本の人種はこの四種類に分けられることがわかりました。そして、スーパーメタボライザーとプアメタボライザーでは、この能力が約一〇〇倍も違うんです。つまり、スーパーメタボライザーの人は薬を飲んでもプアメタボライザーの一〇〇倍早く分解しちゃうんですね。このような「鉄の肝臓」と呼ばれているすごい能力を持った人たちが一〇％ぐらいいます。また、プアメタボライザーも一〇％くらいで、大多数はインターメディエートメタボライザーです。

そこで、実はこんなことがわかったんです。ある所に脳梗塞《のうこうそく》の人がいました。脳梗塞というのは脳の血管が詰まることですね。血管が何かで細くなっていき、詰まって血液が流れなくなることを脳梗塞と言います。で、ワーファリンという薬を投与すると血栓が溶けていくんです。だから、脳梗塞の人にはワーファリンを注射することが普通行われているんですが、ワーファリンは六十mg投与すると効く人と、〇・五mgで効く人がいて、人によって投与量が違うということが前からわかっていました。さらに、多ければいいかというとそうではなく、多く注射してしまうと一瞬で溶けて、逆に傷があったりすると出血で死んでしまいます。だから、非常に注意して使わないといけないので、最初〇・五mgでそーっとやりモニターをして、血栓が溶けたらそれでいいし、溶けない場合は少しずつ増やしていくということを前々からやっていました。つまり、少なくて済む人と多く必要な人で、なぜこんなに違うのかわかっていなかったんです。

ところが、ワーファリンはさっき言ったCYP2が分解するということがわかって、謎《なぞ》が解けたんです。つまり、〇・五mgで効く人はプアメタボライザーだということがわかり、六十mgでしか効かない人はスーパーメタボライザーだということがわかってきたのです。要するに、プアメタボライザーはほんのちょっと摂取しても体の中で分解されないので、そのちょっとがずっと長いこと効いています。ところが、スーパーメタボライザーはすぐ分解しちゃうので、たくさん摂取しないと効かないんです。

どっちが得か?

そうすると、皆さんはどっちがいいですか。名前はスーパーメタボライザーの方がいいですね。でも、この例をみるとプアメタボライザーの方がいいわけですよ。薬代が一〇〇分の一で済みますから。今、日本の薬屋さんはスーパーメタボライザーに合わせて売っている可能性があるんですよ。だから、皆さんはもしかしたら一〇〇倍余計な薬代をかけているのかもしれません。つまり、皆さんのCYP2の遺伝子を調べてみて、スーパーメタボライザーの人は今までどおりの量ですが、プアメタボライザーの人はほんの少し薬を削って飲むだけで効いていたかもしれないんです。

そうなると、最初から自分がプアか、スーパーかわかっていた方が得ですよね。この話がオーダーメイド医療と呼ばれている話です。名前は聞いたことがあると思いますが、自分の遺伝子を調べて薬がどれくらい必要かがわかっていれば、薬屋さんではその量だけもらえば充分だというわけです。わざわざたくさん飲む必要がありません。ただでさえ、外国人から見ると日本人はばかみたいに薬を飲むと言われているほど、とにかく薬好きな人種です。薬は飲めばいいというわけではなくて、やはり薬には適量があるんですね。先ほど言ったワーファリンはやり過ぎると逆に出血で死んでしまう人もいるわけですので、飲み過ぎは絶対によくない。

プアとスーパーは、CYP2遺伝子のほんの一個の塩基の違いで分かれちゃうこともあるんですが、遺伝子のたった一つの違いでこういうことが出てくることがわかりました。だから、事前に自分の遺伝子型を調べて、その遺伝子がどうなっているかを先に知っておいた方が得ではありませんか？　あと十年か二十年経《た》ったら、皆さんの遺伝子がみんなわかって、自分に一番合った薬の量がわかるかもしれません。スーパーメタボライザーの人は残念ながらプアの人に比べて一〇〇倍もお金を使わないといけませんが、それはそういう遺伝子をもっているからなんですね。スーパーメタボライザーとプアメタボライザーはそれだけお金のかかり具合も違うということも知っているといいと思います。

Q&A　質問タイム

学生A　発生の最初にタンパク質の分布が非対称だと、なぜ体も非対称になるのですか？

石　浦　ここから神経や筋肉ができる誘導という現象が起こりますが、これが非対称になるためです。

＊

学生B　タンパク質は食べれば分解されるので、肌をつやつやにするのはコラーゲンでなくてもいいのですか?

石　浦　そうです。コラーゲンを食べても、特に効果が上がるものではありません。一緒にビタミンCを摂《と》るとコラーゲンが作られます。とにかく、うまい宣伝ですね。

＊

学生C　グレープフルーツで阻害されるのはCYP3だけですか?

石　浦　今のところわかっているのはこれだけです。しかし、グレープフルーツのフラノクマリン類が効いていることがわかっています。

＊

学生D　エクステンシブメタボライザー、インターメディエートメタボライザーはプアメタボライザーに比べてどれくらい能力があるんですか?

石　浦　程度の問題で、その中間です。

第4講義

第4講義　病気じゃない遺伝子の変化

第4講義では、遺伝子の発現ということに重点を置きました。変異遺伝子をもっていても、それがオンにならなければ病気になりません。どうもこの分野の苦手な学生は、この点がわからないようで、この理解ができるかどうかで、私は相手の能力を判断しています。

第2講義のコラムで寿命の話をしましたが、ちょっとだけ寿命のことを付け加えておきます。

カロリー制限で長生き

皆さん長く生きたいというのは当然のことだと思いますが、不老長寿のために何か漢方薬みたいなものを飲むといいとか、寿命については昔からよく言われていますが、今は、寿命を延ばすのに一番いい方法は、ご飯を食べないことであるという結論がどうやら出つつあります。

どれくらいご飯を食べないといいかと言うと、大体、普段の七割ぐらいのカロリーを取るにとどめる。そういう摂食でカロリーを少なくすればするほど、多分寿命が長くなるだろうと現在言われています。でも、僕は今一日二五〇〇キロカロリーぐらい取っているんですが、それを七割にすると二〇〇〇キロカロリーを切っちゃうんだよね。テレビでやっていたんですが、ドーナツ十個で二〇〇〇キロカロリーらしい。だから、ドーナツを十個食べたらそれで一日分を超えちゃうことになるので、それは困ります。

でも、とにかくバランスよく食べてカロリーを少しずつ減らしていくことによって、寿命が延びるということはどうも確からしいんです。大腸菌から始まって、色々な動物や植物まで、食べさせる量を少なくすると、どうも長生きするらしいということがわかりました。特に動物が長生きするようだということがわかって、今、サルで実験が行われています。チンパンジーに七割ずつ食べさせると実際どうなるかという実験が行われていますが、チンパンジーは二十何年とか四十何年生きますから、結論はまだ出ていません。それで今どうなるかが楽しみになっています。

ここまではよく知られている話ですが、何で食べ物が少なくなると長生きになるのか、ということに関しては色々議論がありました。しかし、カロリーが少ないと寿命に影響するのは、どうやらインスリンが低いということに起因するのではないか、という説が最近出てきました。ご飯を食べると血糖値を下げるためにインスリンが分泌《ぶんぴつ》されますが、ご飯を食べる量を少なくするとインスリンの出る量も少なくなるわけです。だから、インスリンが少ないということが、どうも寿命を延ばすのにいいんじゃないかと、現在考えられています。

でも、これちょっとおかしいと思った人いません？　インスリンが低いと寿命が延びるということは、インスリンに対する感受性が低ければ寿命が延びるっていうことだよね。とすると、インスリンに対する感受性が低い人というのは、糖尿病の人と同じです。よく見られる糖尿病ではインスリンが出ないのですが、要するに低インスリン感受性なわけです。糖尿病の人が長生きするかというと、特にそうではありませんね。寿命とはあまり相関していません。となると、インスリンが低いとなぜ寿命が長くなるかが、糖尿病のことを考えると説明できないんです。だから、今も依然として、なぜインスリンが低いと寿命が長くなるかについては、わかっていません。でも、事実はそうなんだよね。

これを聞いて、皆さん明日からご飯の食べる量を七割にするかどうかなんですが、どうします？　僕なんか、マイクロダイエットのコマーシャルを見ると、「よし、明日からやってみようかな」と思ったりするわけですが、あれをやるのって結構大変で、すごい努力を要します。減量するっていうのはなかなか大変なことですよね。でも、食べる量をだんだん減らしていくというのは、どうも癌《がん》にもならないで済む非常にいい方法らしいので、皆さん、明日から食べるものを減らしていくというのは、いいかもしれませんね。そういうお話があります。

ＤＮＡか、タンパク質か

さて、今回はＤＮＡ診断のお話をします。第２講義では、ＤＮＡを使って進化がわかるというお話をしましたが、今回は、じゃあＤＮＡが変わるということは、どうやって調べたらわかるのかというお話をします。

ＤＮＡで私たちの体のことがわかるというお話をしましたが、まず、ＤＮＡとタンパク質のお話をもうちょっと続けます。ＤＮＡでできている遺伝子というのは、私たちの体の情報です。一方、タンパク質は外から見える形質です。遺伝情報が全部わかれば人間が全部わかるかというと、そうではなくて、ＤＮＡがわかってもそれがどういうふうに体に現れるか、つまりタンパク質がわからないと色々な病気とかがはっきり理解できません。だから、両方は車の両輪みたいなものであるというふうに考えられます。

第2講義で、こういうことを勉強しました。DNAが変わっても、タンパク質の中のアミノ酸は全く変わらない場合がある。これをちょっと頭に入れておいてください。もちろん変わる場合もありますが、DNAが変化しても、その遺伝子から合成されるタンパク質は同一の場合があるんですね。そうすると、DNAの変化だけ見たのではわからないわけです。DNAを見ても、これが形質にどう現れるかははっきり判定できません。逆に、タンパク質だけを見ていても、DNAが変わっていないかがわからないので、例えば、進化を調べるときなど、遺伝子がどう変わったかを調べたいときは、DNAを見ないとはっきりしたことが言えないわけです。DNAの配列がどう変わったかというのが、その生物の進化がどのように起こったかを調べる一番大切なことです。だから、正確に進化を調べるためにはタンパク質を見ていたのではわからなくて、元のDNAを見ないといけないんです。

ところが、病気のことを調べたいとき、体の中で病気がどのように発病するかとか、病気がどう重くなるかということを調べるためには、DNAだけを見たのではわかりません。この場合は、タンパク質を見た方が、はっきりわかります。DNAからどんなタンパク質かは簡単に推測できますから、どちらを見るかは同じようなことなんですが、進化を研究する場合と、病気を研究する場合は、見ているものが少し違うということを頭に入れておいて、今回のお話を聞いてください。

痛風に関係するタンパク質

タンパク質について、なかなか面白い例が一つあるので、ちょっと紹介します。皆さんは血液検査に行ったことがありますか？　血液検査をすると尿酸値というのがわかります。尿酸値が高いと痛風という病気になります。痛風というのは、関節が腫《は》れてきて、痛くなって靴も履けないとか、歩けないとかっていう病気なんですね。この尿酸というのは、肉やモツなどにたくさん入っているプリン体というものから作られますから、王様の病気と言われていて、美味《おい》しいものを食べた人は尿酸値が高くなりがちです。だから、昔から痛風になる人は、普段運動もしないで、ぬくぬくと育って、美味しいものばかりを食べている会社の社長とか、そういう人が痛風になりやすいと言われています。

要するに、尿酸値を見れば、その人が痛風かどうかっていうことがわかります。だから、血液検査のときはちょっと見なきゃいけませんね。尿酸値というのは一〇〇ミリリットル当たりの尿酸の量を表しているんですが、これが七ミリグラムを超えていると痛風になると言われています。私は四・四ぐらいなんですが、いつもこの数値を見ると、まだ大丈夫だなと思っています。

ところで、尿酸値が高いと頭がいいんじゃないかっていう話があります。これは昔から言われている説で、よく調べてみると、サルは尿酸値が低く、人間は尿酸値が高いんです。だから、サルから人間に進化したときに、尿酸の値がワッと高くなって、脳が発達したのではないかという説が出ています。同じ人間を調べてみても、学歴が高い人ほど尿酸値が高いんです。でも、学歴が高い人は出世して美味しいものを食ってばっかりだから尿酸値が高いのではないか、という説もあります。僕も尿酸値が高いと頭がいいという説は嫌いなんです、四・四ですから。

この尿酸値は、面白いことに、ＨＰＲＴという値と相関していることがわかってきました。詳しい話はしませんが、このＨＰＲＴというのは、血液中のある酵素の活性だと考えてください。酵素の活性ということは、タンパク質を見ているわけです。このＨＰＲＴというのを測ると、正常の人が一〇〇％だとしますと、これが六〇％以下に下がったら痛風という症状が出てきます。さらにこれが、八％以下に減ってくると色々な症状が出てきて、一・六％よりも少なくなるとレッシュ・ナイハンという病気になります。

レッシュ・ナイハン症候群というのは、自傷行動を行う、つまり自分で自分自身を傷つけるという行動を起こす有名な病気です。これは、ある酵素の活性が変わると、人間の行動が変わるという非常に有名な例です。この病気ではどういう自傷行動をするかというと、手とかを嚙《か》むんです。そうすると血が出てきます。しかし、血が出てくるのがわかっていても、嚙むという行動を起こしてしまいます。そういう衝動が抑えられないんです。だから、親はそれを防ぐため、椅子《いす》に子どもを縛りつけなければいけなかったりします。こういうことが起こる病気です。

さらに、ＨＰＲＴが一・四％より低くなると、レッシュ・ナイハン症候群でも知能が低下してきます。つまり、精神遅滞というようになるのです。たった一個の酵素の活性が原因で自傷行動を起こすと言っても、一・六％くらいであれば、自分が悪いことをしているということはわかるわけです。ところが、それよりも酵素活性が低いと、そういうことすらわからなくなってしまうような知能低下が起こります。痛風くらいだったらまだいいけど、酵素活性がどんどん低くなって、こういう症状が出てくるという例が知られています。

これは、タンパク質の酵素の活性によって症状が決まるという有名な例です。だから、これからお話しするＤＮＡ診断では、ＤＮＡを診断するのはいいですが、ＤＮＡだけではなくて、やはりそこから作られるタンパク質も見ないと色々なことがはっきりわからない、ということを頭に入れて聞いてください。

様々なところから採れるDNA

今回は、せっかくですから、検査のやり方くらいはちょっとご紹介しましょう。皆さんからDNAを採るときは、普通血液から採ります。血液を十ccぐらい採れば、もう一生使い切れないぐらいたくさんのDNAが採れます。でも血を採るというのはやっぱりちょっとプレッシャーがかかりますから、歯ブラシで口の中の細胞をかき取る口腔《こうくう》粘膜スメアという方法でもDNAが抽出できます。また、お腹《なか》の中のお子さんをDNA診断するときは、絨毛《じゅうもう》上皮というところから採ります。昔は赤ちゃんがいる羊水というのを使っていたのですが、羊水は採るのが非常に面倒なことと、あまりたくさん細胞が採れません。だから今は、赤ちゃんを包む子宮の中の絨毛上皮というのを使っていて、そこから簡単にDNAが採れ、赤ちゃんの遺伝子診断ができます。

そのほかに、八細胞で診断ができます。お父さんの精子とお母さんの卵子が受精すると、受精卵ができます。受精卵は、試験管の中に置いておくと二細胞になって、次に四細胞になり、さらに八細胞になって、細胞が八個になります。八個になった時点で、一個の細胞をピペットで抜き取るんです。そうすると、一個の細胞の一つの核からDNAが採れて、診断できます。そして、重い病気を持っていないかどうかわかってから、残りの卵をお母さんの子宮の中に返してやれば、一見正常な子どもが生まれるわけです。ちゃんと八分の七でも、ウニと同様に子どもが生まれることは人間でも証明されていますし、未確認情報ですが、もう一個取った八分の六でも、多分人間は生まれるらしいとどっかで聞いたことがあります。人間はウニと同じ調節卵で、八細胞ではまだどこがどこになるか決まっていないからなんですね。

ちなみに体外受精では、卵は一個だけお母さんのお腹の中に戻します。そうすると、子宮の中で発育して子どもが生まれます。現在では、このように生まれたお子さんがいっぱいいます。日本では、この八細胞の診断は着床前診断と呼ばれていて、現在では、めったにないのですが、例えばデュシェンヌ型筋ジストロフィーと呼ばれる病気のような、非常に重い遺伝性の病気の恐れがあるときだけ、倫理委員会で認められて診断が行われると言われています。

さらに、毛髪でも遺伝子診断ができます。私は遺伝子診断をやり過ぎてこんな髪になりましたが（笑）。あと精液、これは事件のときですね。法医学で使われていますが、こういうものでも遺伝子診断ができます。変わったものでは、保存病理資料というのがあります。昔癌になって、その癌の細胞がどこかにとってあると、そこからD

ＮＡ診断が簡単にできます。

ところで、皆さん、ほぼ全員の遺伝子が、あるところに残されているんですが、どこだかわかりますか？　そうですね、へその緒です。多分あるはずです。へその緒も、ある意味では保存病理資料ですね。まだあります。それはガスリー紙と呼ばれているものです。今の日本では必ず、生まれたお子さんがフェニルケトン尿症などの遺伝病をもっているかどうかを調べるために、かかとにブチッと針で穴を開けて出てきた血液をろ紙に染《し》み込ませて、それを遺伝子診断することになっています。この血液を染み込ませたろ紙をガスリー紙と言います。この紙が必ずどこかに残っていますから、遺伝子診断をすることが可能です。だから、皆さんは、自分の遺伝子の証拠をどこにも残さないよう、全部掃除をして、どこかにいなくなっても駄目なんです。その人の遺伝子というのは、必ずどこかに残っているのです。そして、ＤＮＡがほんのちょっとでもあれば、こういう材料を使って遺伝子診断ができるという時代になっています。

ＤＮＡに変異があった！　病気になるのか

ここまでは、ＤＮＡをどうやって採るんだろう、と疑問をおもちの方がいるかと思いましたので、そのことをちょっとお話ししました。で、実際の遺伝子診断では、Ｄ

ＮＡの変異がわかったときに、じゃあその変異はどれくらい重い病気になるんだろうか、という推測をしなければいけません。その推測をする手立てがあります。ここでは、病気と症状について少しご紹介することにしましょう。

病気には、色々なものがあります。皆さんは、遺伝子を二個ずつもっていますが、両方の遺伝子とも正常であれば病気にならないわけです。でも、図１のように、星印が付いている片一方の遺伝子が異常だとすると、それでもう病気になる場合があります。もう片一方が正常でもです。こういう場合を、優性遺伝と言います。この場合、皆さんの細胞の中で、正常な遺伝子から正常なタンパク質が作られ、異常な遺伝子から異常なタンパク質が作られます。でも、正常な遺伝子が半分あるにもかかわらず病気になってしまう、というのが優性遺伝という遺伝の仕組み

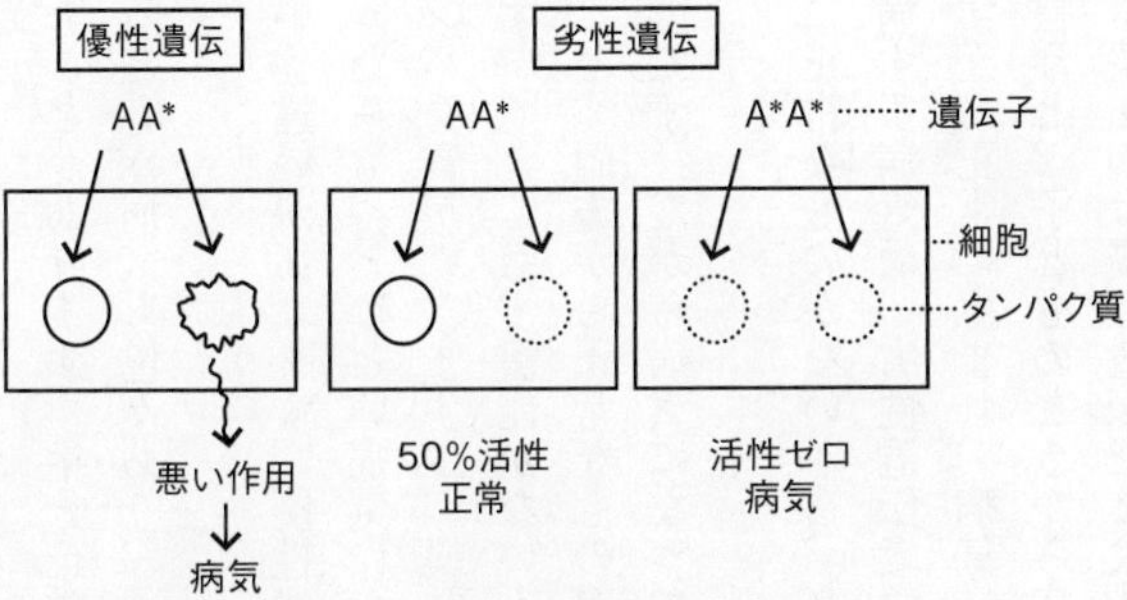

図１　優性遺伝と劣性遺伝

です。

ところが、遺伝子の片方がおかしくても、全く正常なことがあります。半分正常であればその人は正常です。両方とも異常な場合だけなるという病気も色々あり、こういう場合の病気を劣性遺伝の病気と言います。

優性遺伝の病気と劣性遺伝の病気というのは、こういう違いがあります。優性遺伝は、片一方が駄目でも病気になるので、両方駄目になったらもっとひどい病気になります。劣性遺伝というのは正常な遺伝子から正常なタンパク質ができますが、異常な遺伝子からはタンパク質ができないと考えられています。できても、機能がないものができていると考えられています。そして、両方駄目だと、両方から正常なものができないために、細胞の中に一つも正常なものがない状態です。だから病気になっちゃう、と考えると簡単に説明がつくわけです。

だから、劣性遺伝の病気は、生まれたときに、すでに正常なものがないから、必ず子どものときに発病する病気です。生まれてすぐに発病する病気は、劣性遺伝です。ところが、優性遺伝の病気は正常なものが半分ありますから正常に生まれ、病気になるのは大人になってからとなります。つまり、簡単に言うと、子どものときから病気になる遺伝病は劣性遺伝、大人になってから病気になる遺伝病は優性遺伝だと大体推測がつきます。優性遺伝の例として、六十歳くらいになって発病する家族性パーキンソン病とか、四十～五十歳代でぼけてくるような家族性アルツハイマー病などがあります。それに対して、子どものときから病気になるような、筋ジストロフィーという病気とか、もっと名前も知らないような色々な難病が、先ほどの劣性遺伝で説明がつくわけです。

この辺までは教科書に書いてある話なんですが、こんな上手《うま》いことといく場合はめったになくて、それ以外の例がもちろんあります。それをちょっとご紹介しましょう。どうも中間的なものがあるんです。この同じ優性遺伝の病気でも、こういう場合があります。片方からは正常なものができて、もう片方からは異常なものができるんですが、異常なやつが、正常な方を邪魔する。そうすると、正常なものがすぐ駄目になってしまいますから、意外と早く発病する優性遺伝の病気になります。普通のアルツハイマー病は六十歳で発病しますが、若年性アルツハイマー病は四十歳ぐらいで発病します。このようなアルツハイマー病は、多分異常なタンパク質が正常なタンパク質の邪魔をしているんだろうというふうに言われていて、このような発病の仕方を優性ネガティブ効果と言います（図2＝次頁《ページ》）。ちょっとかっこいいね。ネガティブとは負の方向に働くという意味で、この場合邪魔をするという意味です。このように、優性遺伝の病気でも、優性ネガティブの場合は非常に早く発病することがわかっています。

また、劣性遺伝の病気で、次のようなことも起こるということがわかってきました。劣性遺伝の病気は、片方が正常で、もう片方はタンパク質を作らないということがわかっています。ところが、活性が半分の五〇％でも病気になる例があることがわかってきました。劣性遺伝では、半分だと普通は正常なんだけども、それでも病気になる例があって、この場合をハプロ不全と言います（図２）。つまり、ハプロ不全というのは、ものの量が少なくなると病気になるような場合を言います。一見、優性遺伝しているように見えるんですね。このような例外も最近色々なところで出てきたのでご紹介しました。

O型は遺伝子が欠損している

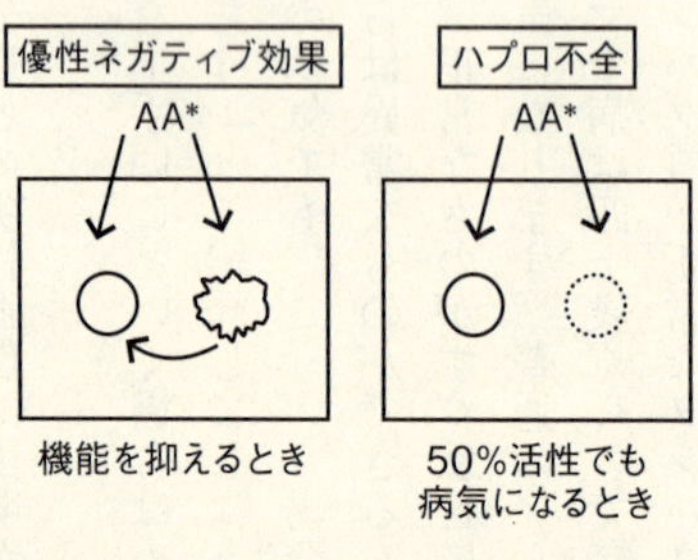

図２　変わった形の優性遺伝と劣性遺伝

少し話が難しくなりましたね。あまり難しいと眠くなっちゃいますので、少し易しい話にまた戻したいと思います。あまりこんな病気の話ばかりやっていると、自分に関係ないなんて思われる方がいるかもしれませんので、血液型の話をします。A型の人がある病気にかかりやすいなんて聞くと、「おお、俺のことか」って、みんな真剣になっちゃうわけですね。例えば、A型の人が胃潰瘍《いかいよう》になりやすいとか言われると、本当かなとか、嘘《うそ》じゃないかなって、色々考えますよね。血液型でこんな面白い話があります。

O型の人はグリコシルトランスフェラーゼという酵素が欠損しているという話はご存じですか？　O型の人がA型になるためには、N-アセチルガラクトサミンという特殊な糖をくっつけなければいけないのですが、その糖をくっつける酵素がA型には存在するので、Aになります。一方、ガラクトースという糖をくっつけるとB型になるので、糖をくっつける酵素の活性が違うとB型になるわけです。O型の人はA型にもB型にもなれなくて、酵素の活性がゼロなわけです。

遺伝子を調べてみると、A型の酵素の遺伝子に比べて、O型の酵素の遺伝子には、ストップコドン（遺伝子が終わる暗号：TGA、TAG、TAA）（第2講義参照）が途中に入っているため、できるタンパク質が非常に短くなっていることがわかっています。つまり、O型は遺伝性疾患であるということです。だけど病気ではない。形質にはほとんど現れていません。遺伝子で見ると、ストップコドンがあるためにタンパク質が半分しかできなくなって、酵素活性がなくなったものであるというふうに考えられます。

O型が遺伝子欠損だと言うと、O型の人は、「ええっ」と思うでしょうが、この遺伝子欠損は多分有利に働いたんです。世界中で調べてみると、ほぼすべてO型が非常に多いことがわかってきました。アメリカ大陸のインディアンは、ほぼすべてO型です。つまり、人類がベーリング海を越えてアメリカ大陸に入ってきて、だんだん南下して一万年ぐらい前に南アメリカに到達したと考えられていますが、現在いる北アメリカと南アメリカのインディアンの人たちは、ほぼすべて血液型がO型なんです。ということは、一番最初に越えて行った人が多分O型で、その人たちがだんだん広まったのであろうと現在考えられています。

だから、アメリカ大陸全体で見てみてもO型の割合は結構多く、遺伝子で言うと、O型の遺伝子をもっている人は全体の六二%です。世界中では六〇%がO型の遺伝子をもっています。だから、遺伝子変異をもっている人の方が、多分生命にとって有利だったんだよね。なぜ有利かは、まだわかりませんが。ということが、歴史上のことからわかってきました。

血液型から想像できる歴史の出来事

この血液型で非常に面白いことは、例えば、B型の人はある特定の場所に非常に多いことがわかってきました。だから、日本のB型の人はおそらくそこから来たんです。その場所とは、中央アジアです。パキスタンなど、国名にスタンが付く国辺りと、ゴビ砂漠の周辺、ゴビ砂漠から北へ行ったところまでに、B型が約三〇％の地域があります。そこが、世界で一番B型が多い場所です。だから、この血液型B型はもともと中央アジアに端を発しているに違いないと考えられています。

ここで皆さん、ユーラシア大陸、ヨーロッパの地図（図3）をちょっと見てください。意外と面白いことがわかるんです。B型の割合を調べてみると、先ほど

図3　B型の分布

言ったように三〇%のところがあって、そこからきれいにB型の割合がグラジェント（階調）になっているんです。面白いことに、丁度ピレネー山脈のところだけが非常に少なくて五%、イベリア半島が一〇%となっています。なぜ全体にグラジェントになっているのか、なぜピレネー山脈のところが五%なのか、わかりますか？　皆さん、この二つについて推測をしてみてください。O型もA型もこんなきれいにグラジェントになっていません。B型だけがきれいにグラジェントになっているということは、非常に短期間にB型の移動があったと考えられるんです。

主に、中央アジアの遊牧民の侵攻です。今から五〇〇〜一五〇〇年ぐらい前に、フン族やチンギス・ハンの侵攻など、アジア系の遊牧民がヨーロッパに攻め込んで行った名残りではないかと、つまり、攻め込んで行っては子どもをつくった名残りではないかというふうに、今推測されています。

ではなぜ、ピレネー山脈の辺りだけが、五%と少ないか。ピレネー山脈の辺りというのは非常に山が険しくて、多分ヨーロッパ先住民は、攻められたときにこの辺に逃げ込んだのではないかと言われています。そして、あまり蒙古《もうこ》の人たちとは関係ない人たちがこの辺にたくさん住んでいるのではないかと、文化的には今言われていますが、はっきりしたことはわかりません。でも、B型の割合の分布は、おそらく遊牧騎

コラム 水不足で世界地図が変わる

水不足っていうのは今、意外と深刻な問題になりつつあります。何が問題かっていうと、産業革命以来人間は増えてきているんです。また、いい生活をしたいから、色々と便利な生活になってきたわけです。便利な生活になってくるにしたがって工業とかが盛んになり、どうしても水を使わざるをえなくなってくるわけです。水を使って植物を作るとか、いろんな物を作るとかね。そういうことで世界中で水が不足するようになりました。

有名な例として、例えば中国の黄河っていう川は、もう河口まで水が流れなくなりました。これは大問題ですね。大きな川があったはずなのに、途中、灌《かん》漑《がい》用水などでみんな水を取っちゃうので、黄河は河口まで水が流れずに枯れた川になってしまいました。また、中央アジアにはアラル海っていう塩湖があって、これは現在では大きさが私の生まれたころの四分の一になっています（編集注：現在はさらに縮小している）。もうアラル海は大きな湖ではなくて、小《ち》っちゃな湖になってきている。つまり、世界地図が変わるくらいのことになってきたんです。これは、アラル海の周りに工場ができ、また畑を作ったり水田を作ったりするために水が必要になって、アラル海に流れ込む川から水を取っていったために、どんどん小さくなってきたわけです。これも大問題ですね。さらに、取った水はすべて工業用水、農業用水になるわけですが、残った水はどうなるかっていうと、水質汚染が非常にひどくなるわけです。だんだん水がなくなっていくと汚染問題も出てくるという、水不足が今、大きな問題になっています。

じゃ、原因は何だっていうと、地球上の人口が増えてきたことに尽きるわけですよ。人口が二倍になると、食べ物も二倍いります。服も二倍いる。農業も工業も二倍必要になってくるわけで、どうしても水が必要になってくる。どうしようもないですね。そうすると、結果的にはどうしたらいいかというと、人口を減らすしかないわけです。それか、農業や工業の水を減らす。どっちを選ぶかってことになってきて、この調子だと地球上はこれから非常にまずいことになるだろうという予測が当然つくわけです。環境問題っていうのは、皆さん自身の問題でもあるということを、頭に入れておいていただけるとありがたいと思います。

馬民族の侵略の結果ではないかと現在考えられています。血液型を見ただけで、こういうふうに非常に文化的なものが推測できるというのは面白い話ですよね。こういうのは遺伝学の本に結構書いてあって、面白そうなところです。

あと、これは本当かどうかわからないんですが、血液型と病気の関係について昔から言われていることがあります。例えば、O型の人は十二指腸潰瘍にかかりやすいと言われたことがあります。でも、十二指腸潰瘍にかかりやすかったら、O型の人は減りますよね。そのはずなのに、O型がこれだけ多いということは、命にはあまり関係ないんじゃないかとも言われています。また、O型とB型の人は天然痘にかかりにくいと言われたことがあって、そのため、世界中のO型の割合を広めたのではないかと、そういう話があります。みんな知っているように、ペストとか天然痘が流行《はや》った一四〇〇年ぐらいのときには、全世界の人口が三分の一ぐらいに減ったんだよね。三分の二ぐらいはパッとみんな死んじゃったわけです。だから、天然痘に強い人だけが生き残りました。つまり、そこで選択がかかって、多分O型の割合が増えたのではないかと言われています。これも推測でしかないんだけどね。

移植で変わる血液型や性別

血液型の話っていうのは、なかなかこういう文化的な話と相まって面白いところがあります。例えばこんな話があるの知ってる？　あるO型の人がいた。このO型の人は心臓疾患で、どうしても心臓移植をしなければいけない。ところが、ちょうど合う心臓をもつ人はB型の人だったので、B型の人から心臓移植を受けたという例が報告されました。この人、どうなったと思う？　もちろん、血液はO型だよね。でも心臓はB型です。

心臓の中には血管が入っているんですが、この血管の表面を作っている内皮細胞というのがあります。この方が亡《な》くなってから調べたら、B型の人から移植された心臓にある内皮細胞はO型に変わっていたんです。これは、O型の人の血液の中にある造血幹細胞というのが心臓に入って、多分その幹細胞からこの内皮細胞が作られたのではないかと考えられています。このように、途中で心臓の中の血液型が変わったという例も報告されたことがあります。面白いですね。

あと、こんな怖い報告があるんですよ。骨髄移植って知っていますか？　白血病の治療として、自分の白血球をまず全部殺して他人から骨髄液をもらいます。骨髄幹細胞は、白血球とか赤血球とかを全部作るので、ここから新しく病気でない正常な血液ができます。これが骨髄移植です。

ある０型の女の人が骨髄移植を受けました。骨髄移植は普通、同性からもらうんですが、間違えて０型の男の人からもらったんです。何が起こったと思います？　例えば、女性が男の人から輸血されると、男になるんじゃないかって考えたことありません？　それが起こったんです。

男の人の血液をもらったこの人が亡くなったときに、脳を調べたんです。すると、脳の神経細胞の一％にＹ染色体が見つかったんです。つまりこれは、男の人の造血幹細胞が脳に行って、神経細胞になったってことです。でも別に、この人は男になったんではなくて、自分の神経を作り変えたわけだけど、その神経は、実はもらった細胞からできていたということがわかった。もちろん、すぐにはできませんけどね。この結果から、人間の脳もやっぱり新しく作られているんじゃないかという話になってきました。もう一つは、男になる可能性もある。どうする、輸血をするとき。「この血は男ですか、女ですか」って、ちょっと聞きたくなりますよね。今度、輸血するときは聞いてくださいね。このように、血液型が変わるとか、ニューロンが変わるとか、そういうことも実際起こっているんですね。

O型の女とAB型の男の間にできた赤ちゃんは……

血液型の話をあと一つだけ、これは絶対覚えておいてほしいんですが、血液型不適合の話です。女性が子どもを生むときに、お腹《なか》の中の赤ちゃんと自分の血液型が違うことがあります。そういうことはよくある。例えば、自分がO型で、結婚した相手がA型だった場合、子どもがA型になる可能性は充分にあります。その場合、O型のお母さんのお腹の中にA型の赤ちゃんがいることになる。このとき、お母さんにとってA型は異物ですよね。同じO型の子どもだったらいいけど、A型っていう自分と違うものがお腹の中にいるんだから、異物になるわけだ。そういう場合、生まれるときに黄疸《おうだん》という症状が出ることがあります。これを血液型の不適合と言います。こういうことがあるということをちょっと知っててくれるといいと思います。

どうしてこういうことが起こるかというと、これは知らないかもしれませんが、A型の人の血液の中にはβ《ベータ》という凝集素《ぎょうしゅうそ》があります。逆にB型の人にはα《アルファ》という凝集素があります。αはA型の、βはB型の血液を固めてしまいます。つまり、A型の体の中にαという凝集素があると血液が固まっちゃうので、自分の血液が固まったら困りますから、A型の人はB型を固めるβをもっています。そして、O型の人はα、βを両方もっていて、AB型の人はどちらももっていません。で、自分がA型で、自分のお腹の中にB型の子どもをもったとき、自分のβが子どものBを攻撃して、血液型不適合を起こします。つまり、黄疸が出る。黄疸というのは、血液が溶血して目が黄色になったり、体が黄色になったりする症状で、別に死ぬということはないんだけど、生まれるときに「ああ、黄疸ですね」って言われる場合があります。

今度は自分がA型で子どもがO型だったらどうかというと、自分はB型を攻撃するβをもっているんですが、子どもにはBがないので、これは正常に生まれます。しかし、子どもがAB型だと、Bがあるので血液型不適合になり、黄疸を発症させるということがわかっています。

同様に、O型のお母さんはαとβをもっていますから、O型以外の子どもは不適合になります。そして、AB型のお母さんでは凝集素がないので、A型であろうがB型であろうが全然問題なく、子どもが何型だろうと不適合は起こらない。だから、図4のような結果になりますよね。

凝集素	β	α	β・α	ー
子＼母	A型	B型	O型	AB型
A型	○	×	×	○
B型	×	○	×	○
O型	○	○	○	○
AB型	×	×	×	○

○は血液型不適合起こらず、×は不適合（ABO式）

図4　血液型不適合

でも、図4は間違いですね。何が間違いかわかりますか？　AB型のお母さんからはO型の子どもは生まれませんし、O型のお母さんからはAB型の子どもは生まれません。もしそんなことがあったら病院で取違えがあったに違いない。稀《まれ》に血液型モザイクっていうのがあるんですが、それはほんの一部にしかないので、それは無視すると、図5が正解になります。

そうすると、自分の血液型とお母さんの血液型を当てはめて、自分は○で生まれたか、×で生まれたか、わかりますね。×で生まれた人は、生まれたときに黄疸が出たかお母さんに聞くといいと思います。自分の血液型と彼の血液型を考えて、将来の子どもはどっちになるかを考えても結構ですが。

今ではこの血液型不適合で亡くなることはありませんが、今から百年くらい前には、生まれたときにひどい黄疸で、お子さんが亡くなったっていう例ももちろんあり

凝集素	β	α	β・α	―
子＼母	A型	B型	O型	AB型
A型	○	×	×	○
B型	×	○	×	○
O型	○	○	○	
AB型	×	×		○

○は血液型不適合起こらず、×は不適合（ABO式）

図5　真・血液型不適合

ました。血液型については基本的にこういうことを知っていただきたかったわけで、性格はこれでは決まりませんということだけ頭に入れといてください。

遺伝子変異の大きさで病気の重さは決まらない

ここでは、遺伝子変異だけでは、その病気の重さとか、その病気がどのように発症していくかという病気の進行を推測できないということを、ぜひ知っておいていただきたいと思います。そもそも、遺伝子に変異があっても、その遺伝子がオンにならない限り全然問題ないわけです。だから、変異遺伝子は、それが働いたときに問題が出てくるので、働かないようにしてしまえば、いくら遺伝子変異があっても病気にはならないわけです。だから、遺伝子変異がわかって「ああ、俺はもう一生決まった」なんていうことは、絶対に間違いであるということをしっかり知っておいてください。そういう例を二、三ご紹介することにします。

筋ジストロフィーっていう病気があります。この病気は、筋肉がやせ細ってくるという非常にかわいそうな難病です。この筋ジストロフィーには二つの型があります。一つは、生まれたときには全く正常で、三歳ぐらいまでは丈夫に育ちますが、三歳ぐらいで急に転びやすくなって、だんだん歩きにくくなる。そのうち手を使わないと立てなくなって、五、六歳ぐらいで歩き方がぎこちなくなってしまう。十歳ぐらいになると車椅子《くるまいす》になってしまう、ということがよく新聞とかテレビに出ています。昔は二十歳ぐらいで亡くなってしまう方もいたんですが、現在は人工呼吸などができるようになって寿命が大分延びてきています。こういうデュシェンヌ型筋ジストロフィーという病気がある。こっちは非常に病気が重いんですね。

ところが、同じ筋ジストロフィーでも、ちょっと歩き方がおかしいかなぐらいで、六十歳ぐらいまで全く問題なく生活していて、寿命もあまり変わらない、ベッカー型という筋ジストロフィーがある。どちらかというと軽い症状です。

この二つの原因となる遺伝子を調べたら、同じ遺伝子の欠損であるということがわかってきて、同じ遺伝子だったらデュシェンヌ型の方がひどい遺伝子変異があり、ベッカー型の方が軽い遺伝子変異があると、誰でも思い込んだわけです。

それで、この筋ジストロフィーの遺伝子をもっとよく調べてみました。そしたら、この遺伝子の中で、なんと、ベッカー型の方が大きく欠失していた例が見つかったんです。そんなことがありますか？　軽いベッカー型の方が大きく欠失していて、重いデュシェンヌ型の方が小さく欠失していたんです。全く同じ場所で欠失していたんですね。みんなびっくりしたわけ。当然重い方がたくさん抜けてると思いますよね。小さい欠失の方が軽くなるだろうと普通は思っていたんですが、そうではないことがわかってきました。

この筋ジストロフィーの研究は、遺伝子の欠けた大きさだけではその病気の重さがわからない、ということがわかった一番最初の例なんですが、その理由が明らかになってきました。

なぜ変異が大きい方が軽いのか

実は、こんなことが起こっていたんです。このデュシェンヌ型で欠けている部分は、欠けている塩基を数えてみると３Ｎ±１だけ欠けていることがわかってきました。つまり、欠けている塩基数は三の倍数ではない。一方、ここで見つかったベッカー型は、欠けている部分が大きくても欠けている塩基の数は三の倍数であることがわかってきました。そうすると何が起こるかというと、デュシェンヌ型とベッカー型では、それぞれの遺伝子からできるタンパク質に違いが出てきます。つまり、ベッカー型では、欠けている部分が大きいので短いタンパク質ができ、デュシェンヌ型では、大きなタンパク質ができているわけです。

ここで、遺伝子を読み取るときは文字三つずつだというのは以前説明しました（第

2講義参照)。だから、欠けているのが3N（三の倍数）だと、その前と後は正常なわけです(図6)。だから、できるタンパク質は、前の部分と後の部分は正常で、真ん中部分だけ欠けているということになります。これがベッカー型の原因で、デュシェンヌ型ではそうじゃない。

例えば、図6のように五個欠けているとすると、一個分読み枠がずれてしまって、前半の部分は正常だけども、欠けている部分以降は異常なものになってしまっているということがわかってきました。

これはフレームシフトと呼ばれ、三つずつの読み枠がずれたために別のタンパク質ができて、機能がおかしくなったために病気になっているということがわかってきました。つまり、欠失が大きくても正常な機能を保持したタンパク質

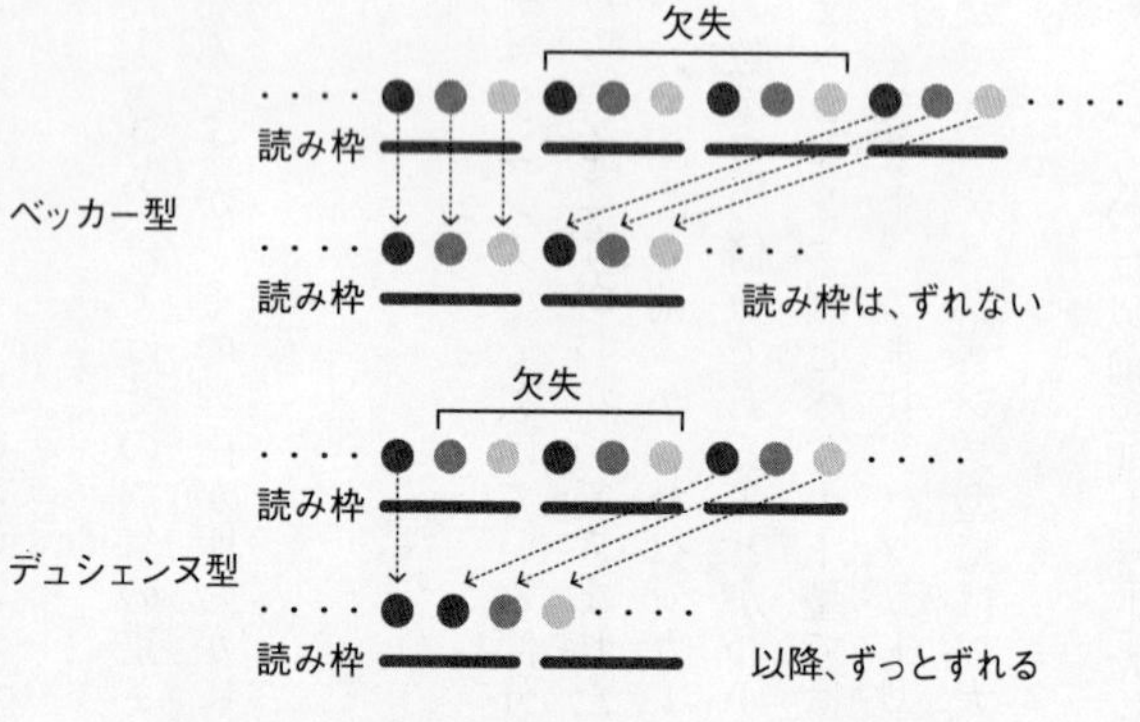

図6　2タイプの筋ジストロフィーでの欠失

がベッカー型ではできていて、一方デュシェンヌ型では欠失が小さいんだけど、機能がおかしくなったタンパク質ができていることがわかってきたんですね（図7）。ということで、欠失の大きさでは病気の重さは推測できないということが明らかになりました。

だから、遺伝子検査ってなかなか難しいところがあります。遺伝子から皆さんの症状とか、皆さんの将来とかを一〇〇％推測するのはなかなか難しそうだということがわかってきたので、正確に遺伝子検査ができない限り、それで将来がどうとか言うのは不可能であるということがわかってきた。今、テレビやなんかで、遺伝子検査をすると何でもわかるというように言っていますが、それは間違いであって、ある程度のことまでしかわからない。後は、皆さんが自分で、色々なことを判断すればいいということになるわけです。

なぜ病気の遺伝子は引継がれるのか

あと一つだけお話をして、今回はおしまいにいたします。前回の進化の話とも関係しているんですが、こういう病気になるような遺

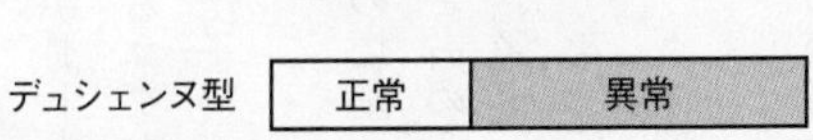

図7　遺伝子が欠けてできる2通りのタンパク質

伝子の変異は、その人にとっては不利なはずなんですよ。なのに、なぜ今までこんな遺伝子の変異が生き残っているか考えたことありますか？

実は、こういう面白い説があります。テイ・サックス病の話をしましょう。テイ・サックス病という病気は、ヘキソサミニダーゼAという酵素の欠損で起こります。つまり、あるタンパク質の活性がなくなるために起こる病気なんですが、あるユダヤ人コミュニティで調べてみたら、このヘキソサミニダーゼAというのは、遺伝子の変異がたった二種類くらいしかないということがわかってきたんです。

一つの変異は、このヘキソサミニダーゼAという遺伝子の中に、四つの塩基（文字）が挿入されている変異です。この四塩基挿入変異が、全体の七三％を占める。もう一つの変異は、遺伝子の中のある一個のグアニン（G）という塩基がシトシン（C）に変化しているもので、点突然変異と言われているものです。この点突然変異が一五％。これで合わせて八八％ですから、ユダヤ人の大多数のテイ・サックス病は、この二つのどっちかの変異なんです。

ところが、さっき言ったデュシェンヌ型の筋ジストロフィーという病気の変異は、何百種類もあるんですよ。遺伝子変異というのは、普通いろんなところで起こるわけ。つまり均等に起こるはずで、たった二種類だけが起こるなんてことはありえないんです。じゃあ、なぜテイ・サックス病では二種類の変異だけが、今まで生き残っているんでしょう、ということについて非常に面白い考え方があります。

コラム「本当に我が子なの？」

ところで、日本で、父親が本当のお父さんではない割合は何%かって知りたいですよね。今の日本ではどれくらいか知っていますか？　あるとき、ある学校で、一万人ぐらい集めて父と子の遺伝子の相関というのを調べたんです。だから、こんなことやるつもり全くなかったんですよ。ある特定の血液型の遺伝子とか、色々なものを調べたときに、あっ、と偶然わかったんです。で、違うっていうのが何%いたか知っていますか？　日本は非常に倫理的で、一%以下なんです。決してゼロではないけど。アメリカでは場所によっては二～六%と言われていて、世界で一番多い地域では、三〇%もあるというふうに言われています。「ええっ」と驚くのが正直な感想だと思いますが、やはりそういうことがあるということをちょっと知っておいてください。

皆さん、何だと思います？　テイ・サックス病の人たちは、病気になったら二歳で死んじゃうんですよ。だから、遺伝子変異をもっている人っていうのは生き残れないんです。とすると、遺伝子変異があると絶対不利なはずなんですよ。不利なはずなのに、なぜこの二種類だけが今までユダヤ人の中に保存されてきたんだろうか。

　この病気は劣性遺伝をしますから、二つあるヘキソサミニダーゼAの遺伝子両方に同じ変異があると死んじゃうんです。だから、挿入変異が両方にあると病気になり、GからCに変わるのが両方にあると病気になります。ところが新しい考え方では、ひょっとして、この四塩基挿入変異と点突然変異を両方もった人は、生命体にとって何か特殊な有利さがあるのではないかというのです（図8）。

　本当のところはわかりませんよ。でも、図8Aは

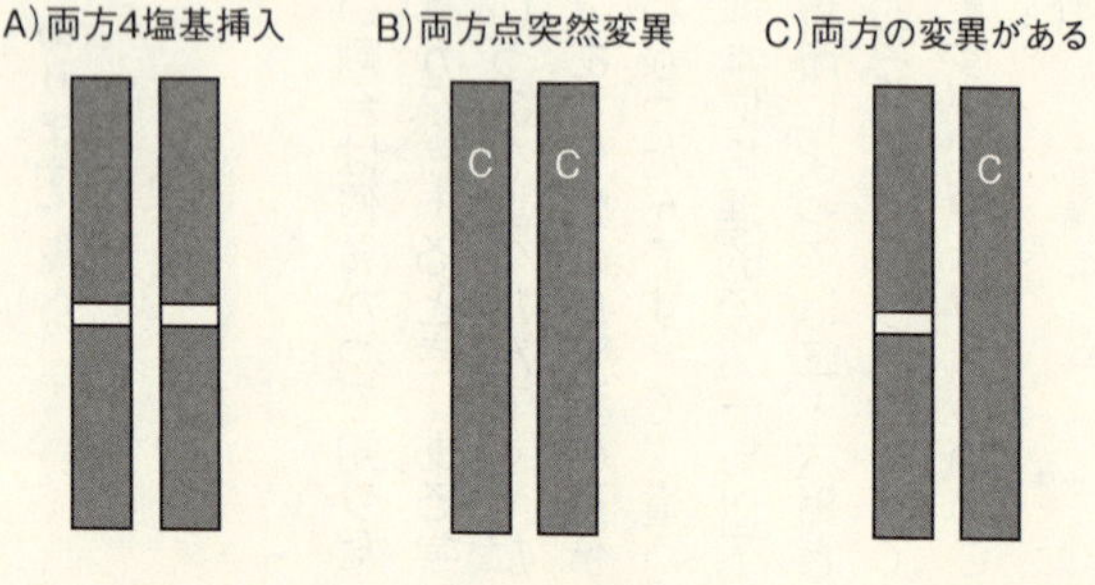

図8　変異の組合わせ

病気になり、図８Ｂも病気になるんだけども、図８Ｃの人たちだけ何か特殊な有利さ、例えばコレラにかかりにくいとか、そういう病気に対する強さがあるために生き残ったのではないかという説が、今言われています。つまり、人類にとって二歳で死ぬような遺伝子変異って、圧倒的に不利な変異です。でも、それがずっと保存されている理由というのは、はっきりはわからないけど、やはり、何か有利さがあるからではないかと、そういう考え方が今でも生き残っています。これは非常に面白い考え方だと思います。こういう面白い説が出てきて、なかなか本当のところはわからないのだけれど、そうかもしれないなというところです。で、本当かどうかは実証すればいいわけですね。こういうネズミを作って、ちゃんと生き残るということを確かめてやればいいわけです。

ゲノムの話と遺伝子変異が何を意味するかという話をしないと、私がこれからお話しすることがわからないので、今回までそういうお話をいたしました。次回からは、実際、どういうことが起こるのかっていう例として、一つずつお話ししたいと思います。今回はこれで終わることにいたします。

Q&A 質問タイム

学生A　事件などで遺伝子を調べて個人を特定するのは、どうやっているんですか？

石　浦　DNAの中には、人によって千変万化している配列があります。それがマイクロサテライト（第2講義参照）で、今は人間がもっているくり返し配列（例えばCACACA……）の長さを使って個人を特定しています。

＊

学生B　アミノ酸が変わらない遺伝子の異常も、病気になることはあるんですか？

石　浦　ありますます。タンパク質の量を規定している部分に変異があると、作られるタンパク質の量が激減したり、逆に多くなりすぎて病気になることもあります。

＊

学生C　優性遺伝の病気が発病するきっかけは何ですか？

石　浦　これがわからないんだなあ。食生活やストレスが原因ってこともある。

＊

学生D　造血幹細胞って何ですか？

石　浦　赤血球、白血球、リンパ球などに分化しうる細胞のことです。

第5講義

第5講義　異母兄妹《きょうだい》は結婚できるか

学生さんには、この講義あたりでシャープな感性をみがいていただきたくて、難しい話をしてしまいました。相手は十八歳ですが、私は真剣に話したつもりです。

今回は、遺伝学と優生学のお話をいたします。優生学というのは非常に問題で、かつてナチスドイツが、ユダヤ人は人種的に劣っているんだ、ということで何百万人も殺したという怖い歴史があります。だから、その優生学というのが、今のちゃんとした遺伝学へとどのように変わっていったかという歴史を、皆さん知ってもらわないと困ります。

丈夫な子どもを育てる。それはいいわけですよ。でも、遺伝子診断をして病気が見つかったら、現在それを中絶している人がいるわけです。中絶しているということは、異常があるのは悪いという暗黙の了解があるわけです。そうですね。正常な子どもを生むということは、病気になったら困ると考えているからです。そうなると、既に生まれていて障害をもっている方は、じゃあどうなるんだという話になりますね。そこで差別をしていいのか、ということになる。今でもそういうことが、この遺伝学で一番大きな問題になっているわけです。ここまで至った背景にはいろんな歴史がありますから、今回はその歴史から少しお話をしていきたいと思います。

トンビがタカを生む遺伝

優生学の話をすると、最終的には何が良いか、何が悪いか、という話になっちゃいますし、最初から難しい話をするのも何ですから、少し遺伝学の基本的なお話からしていきます。

まず、遺伝子診断をするときに最終的に何が問題かというと、遺伝様式が問題になります。この遺伝様式について、少し勉強することにいたします。まず、劣性遺伝のお話をいたします。劣性遺伝については、今までも少しずつお話が出てきたので、なんとなくわかっていると思います。

例えば、正常と言ったらおかしいのですが、何もない男女が結婚をしてお子さんを生みます。子どもが何人かできて、そのうち一人だけ何か病気が出てくる。または天才でもいいのですが、普通ではない形質が出てくる。こういう場合を劣性遺伝と言います。劣性遺伝では、親と違う形質が出てきます。簡単に言うと、トンビがタカを生むということですね。親父《おやじ》とお袋は大したことなくても、私は非常にきれいだとかね。そういう場合は劣性遺伝というふうに言うわけです。

この劣性遺伝はどうやって説明するかというと、非常に簡単に説明されています。例えば、男女両方とも片方だけ異常な遺伝子があって、この異常な遺伝子が合わさった場合だけ病気が出てくる。これが劣性遺伝の形質を説明するわけです。これはいいですね。半分正常である状態をヘテロというのですが、ヘテロの場合その人は正常になっている。ところが、両方とも病気の遺伝子がある場合、病気の遺伝子がホモになると言い、病気が出てくる。または、病気じゃなくて天才の遺伝子でもよくて、天才の遺伝子がホモになると、天才となってくる。こういうのを劣性遺伝と呼びます。

この劣性遺伝でこんな話があります。米国の白人では、三万八〇〇〇人に一人が色素がなくて非常に透き通ったような肌をしています。全く真っ白な肌をしていて、紫外線に当たると癌《がん》になりやすい。これは色素が欠けている病気で、白皮症というふうに呼ばれています。この白皮症は劣性遺伝で、半分遺伝子をもっているヘテロの人をキャリアと言います。だから、キャリアの人同士が結婚をして病気の遺伝子がホモになると白皮症の子どもが生まれるわけです。図1のようにキャリア同士が一緒になってホモになる確率は四分の一です。キャリアがX人に一人だとしますと、キャリア同士から生まれる四人に一人が三万八〇〇〇人のうちの一人ということになりますから、大体Xはいくらになるか計算ができます。そうしてXを計算しますと、大体百ぐらいですね（図1）。だから、この三万八〇〇〇人に一人の病気というのは、約百人に一人がキャリアであるということになって、二百人いるとキャリアが二人いることになります。そして、その人同士が結婚をすると、この白皮症が出てくる可能性があるわけです。それはわかりますね。

ある都市だけ白皮症が多い理由は？

ところで、こんな例があります。これ、答えられますか。アメリカのある都市では、白皮症が一万人に一人出ることがわかっています。アメリカ全土では三万八〇〇〇人に一人ですけれども、ある都市では一万人に一人です。その理由として考えられるこ

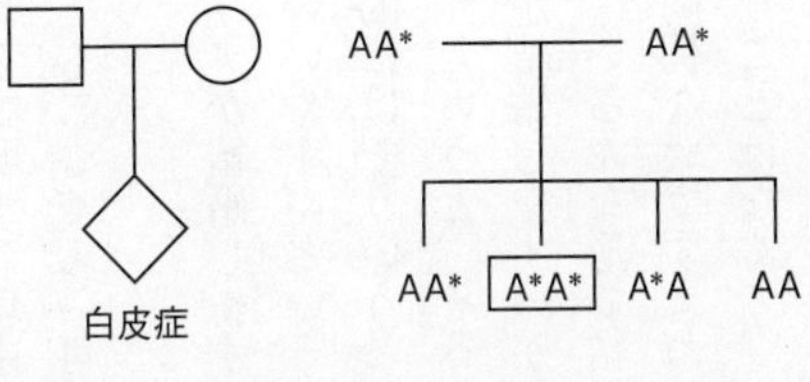

$$\frac{1}{x} \times \frac{1}{x} \times \frac{1}{4} = \frac{1}{38000}$$

$$X \fallingdotseq 100$$

図1　白皮症のキャリア

とを記せ、という問題が出てきたら、どういうふうに答えますか？　普通は百人に一人がキャリアなので、どこでも均等に出てくるはずなんです。でも、ここの都市だけ非常に白皮症という遺伝病の確率が高いんですね。これを説明する理由は何かありますか、というわけです。何が考えられます？　少なくとも二つぐらい可能性をあげてくれるとありがたいですけどね。

可能性の一つとして、この都市ではキャリアとキャリアが結婚しやすいのかもしれないね。つまり、色が白い人同士はお互いにひきつけ合いやすいということがもしあれば、こういうことはありうる話ですね。でも、一般的にはそういうことはないんですよ。例えば、血液型がA型の人同士が結婚しやすいかというと、そういうことは全くありません。同じように、背の高い人と背の高い人が結婚しやすいかというと、決してそうじゃないよね。高い人と低い人が結婚したり、いろんな形で結婚する場合があって、あまり背の高さとか、太り具合とかってのは関係ないですよね。だから、ある特別な形質をもっている人同士が結婚しやすいということはなくて、一般的にはランダムに結婚しています。それでも、この都市では特別にそういうことが起っている可能性はあるにはある。だけど、多分違うよね。

一番高い可能性は何だと思います？　どうしてこの遺伝病が、ある都市では非常に出てきやすいんだろう？　それは、この都市では多分いとこ結婚が多いからだろうと考えられます。いとこ結婚が非常に多い場合は、この劣性遺伝病が非常に出てきやすいことがわかっているんです。だから、一番可能性が高いのは、その都市だけはいとこ同士が非常に結婚しやすいということ、が推測できるんです。

隔世遺伝も劣性遺伝で説明できる

劣性遺伝で、興味深い話がもう一つあります。隔世遺伝です。隔世遺伝というのは、おじいさんの形質が、お父さんお母さんには出なくて、その子どもにポンと出てくるようなものです。例えば、おじいさんが非常にまめな人で、いろんなものを集めるのが好きだった。で、その子どもであるお父さんは全然そんなことないけど、孫はおじいさんと同じようにいろんなものを集めるのが好きで、「ああ、この子はやっぱりおじいさんに似たんだな」とかって話、よくありますよね。これを隔世遺伝と言います。一世代飛んで出てきますから、世代を隔てた遺伝として、隔世遺伝と言われている。この隔世遺伝は、実は劣性遺伝形式そのものなんですね。これを簡単に説明しますと図2（次頁《ページ》）のようになります。遺伝子というのは必ず二個ずつあるから、左側の家系図を遺伝子で書くと右側のようになります。で、右上のおじいさんは、何かの形質をもっていますから、その形質の遺伝子はホモです。いいですか。劣性遺伝の形質だからホモになります。一方、結婚相手のおばあさんは何もない。そうすると、その子どもであるお母さんはヘテロになります。ヘテロは正常な形質というのが劣性遺伝の性質なので、お母さんは正常です。ところが、このお母さんの結婚相手がもしヘテロであれば、この形質が子どもに受け継がれることは充分ありうる話です。隔世遺伝というのは全然珍しい話ではなくて、簡単にこう説明がつくというわけですね。

なぜ劣性遺伝の話をするかというと、この劣性遺伝というのは、日本の遺伝性疾患で一番多い病気だからです。だから、遺伝性疾患の研究をするときには、この劣性のことをよく頭に入れておかないといけません。まとめますよ。劣性遺伝というのは、キャリアは正常です。ところが、変異遺伝子を両方もっている人は異常になる。これが劣性遺伝の特徴で、そのため、トンビがタカを生む

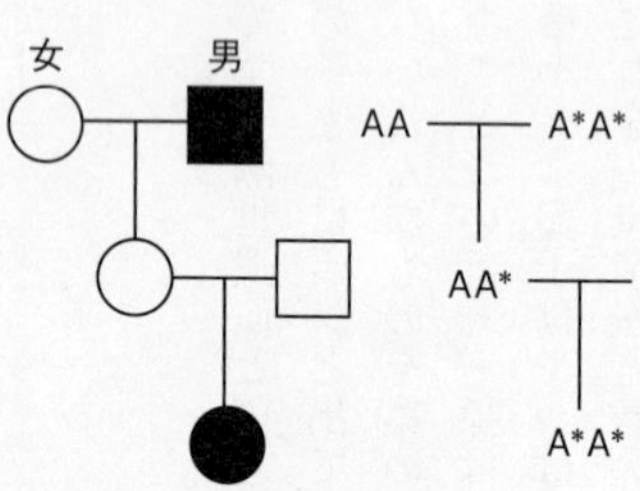

図2　隔世遺伝

ような非常に珍しい遺伝様式をとりますよ、というお話でした。

いとこ結婚の危険性

ここから、ちょっと計算の話に入りますね。そうするとですね、近親結婚が現在ではなぜ禁止されているかというと、近親結婚で劣性遺伝病が非常に出てきやすいからです。では、近親結婚でなぜ劣性遺伝が出てきやすいかというのを、近親結婚ではないのですが、先ほどのいとこ結婚を例にとって説明することにいたしましょう。

いとこ結婚というのは、例えばある姉妹がいたとします。その姉妹は別の人と結婚をした。片方からは女の子が生まれ、片方から男の子が生まれた。そうすると、生まれた子ども同士はいとこですね。姉妹の子どもですからいとこです。このいとこ同士が結婚をすることを「いとこ結婚」と言います。そこに子どもが生まれるとします。まだ性別はわからないけど、子どもという意味で、図３（次頁）の家系図ではひし形で書いてあります。

この子どもにどういう病気が出てきやすいかという話をします。お子さんが生まれてすぐ問題になるという難病は、ほとんどがいとこ結婚で出てきます。こういう病気はいろんな病気がある。例えばテイ・サックス病であったり（第４講義参照）、ごく普通にみられる病気としては難聴ですね。耳が聞こえにくいという難聴もこういう病気です。ではなぜ、いとこ結婚で難病が出てくるかと言いますと、例えば、図3で一番上の男性に難聴の遺伝子があったとします。キャリアです。ところが難聴の遺伝子というのは、片方あっても全然問題はない。全く正常に聞こえます。そうすると、この難聴の遺伝子は子どもに伝わる可能性が考えられるわけですね。伝わった子どもは片方だけ難聴の遺伝子をもつことになるのでキャリアです。たまたま、姉妹両方に伝わったとします。

で、いとこ結婚をすると、難聴の遺伝子が一緒になる可能性があるわけです。いいですか。両方とも正常の遺伝子をもった他

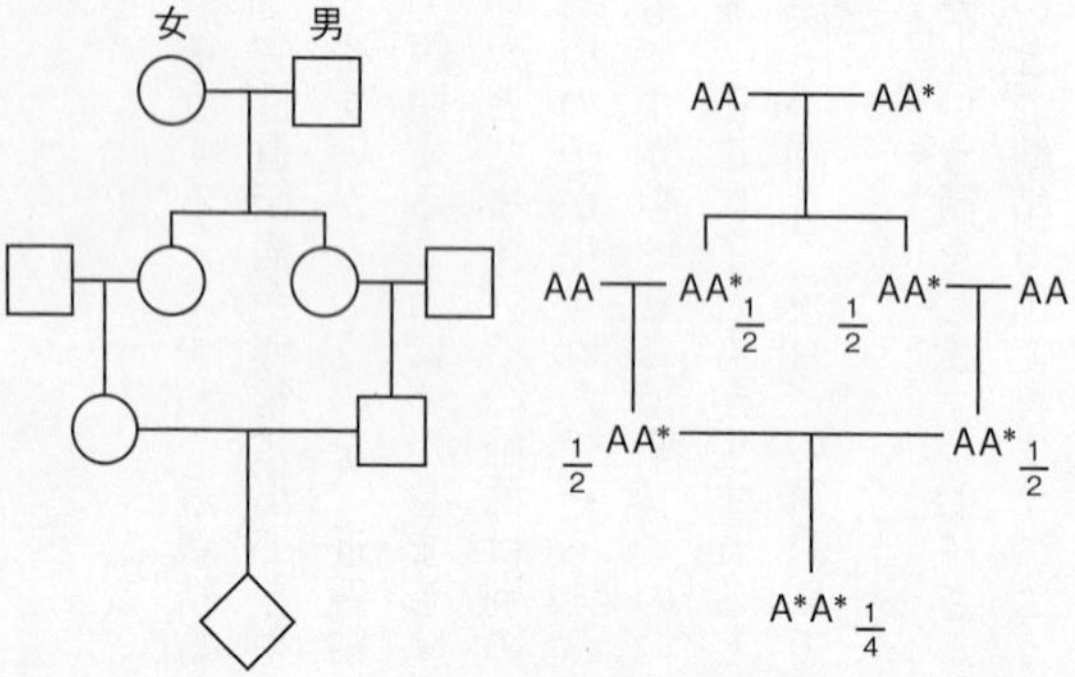

$$\frac{1}{2}\times\frac{1}{2}\times\frac{1}{2}\times\frac{1}{2}\times\frac{1}{4}\times 4=\frac{1}{16}$$

図３　いとこ結婚

人と結婚をしている限り、全く問題はない。つまり、半分病気の遺伝子が伝わることはあっても、病気が出てくることはありません。でも、血族結婚というのは、元々あった一個の病気の遺伝子が、家系の中でホモになる可能性が高いわけです。

だから、いとこ結婚は認められているんだけども、なぜ危険だと言われるかというと、こういう遺伝病の出てくる可能性が他人同士の結婚に比べて三〜十倍高いことがわかっているからです。もちろん、それは天才の遺伝子かもしれませんね。例えば、ベルヌーイを知っていますか？　流体力学をつくったベルヌーイの家系は、全部大学の先生か何かになっているんですが（図4＝次頁）、この家系はいとこ結婚が多いということがわかっています。だから、いとこ結婚で出てくるのは天才の遺伝子かもしれないんです。だけど、病気の遺伝子も出てきやすいことも、やっぱりちょっと知ってた方がいいですね。血族結婚をすると、遺伝子がホモになる可能性が非常に高いというわけです。

いとこ結婚の危険性を計算してみよう

そこで、遺伝子がホモになる確率をちょっと計算してみましょう。図3で一番上の男性がもっている星印の遺伝子がホモになる確率ですね。いいですか、まずこの男性

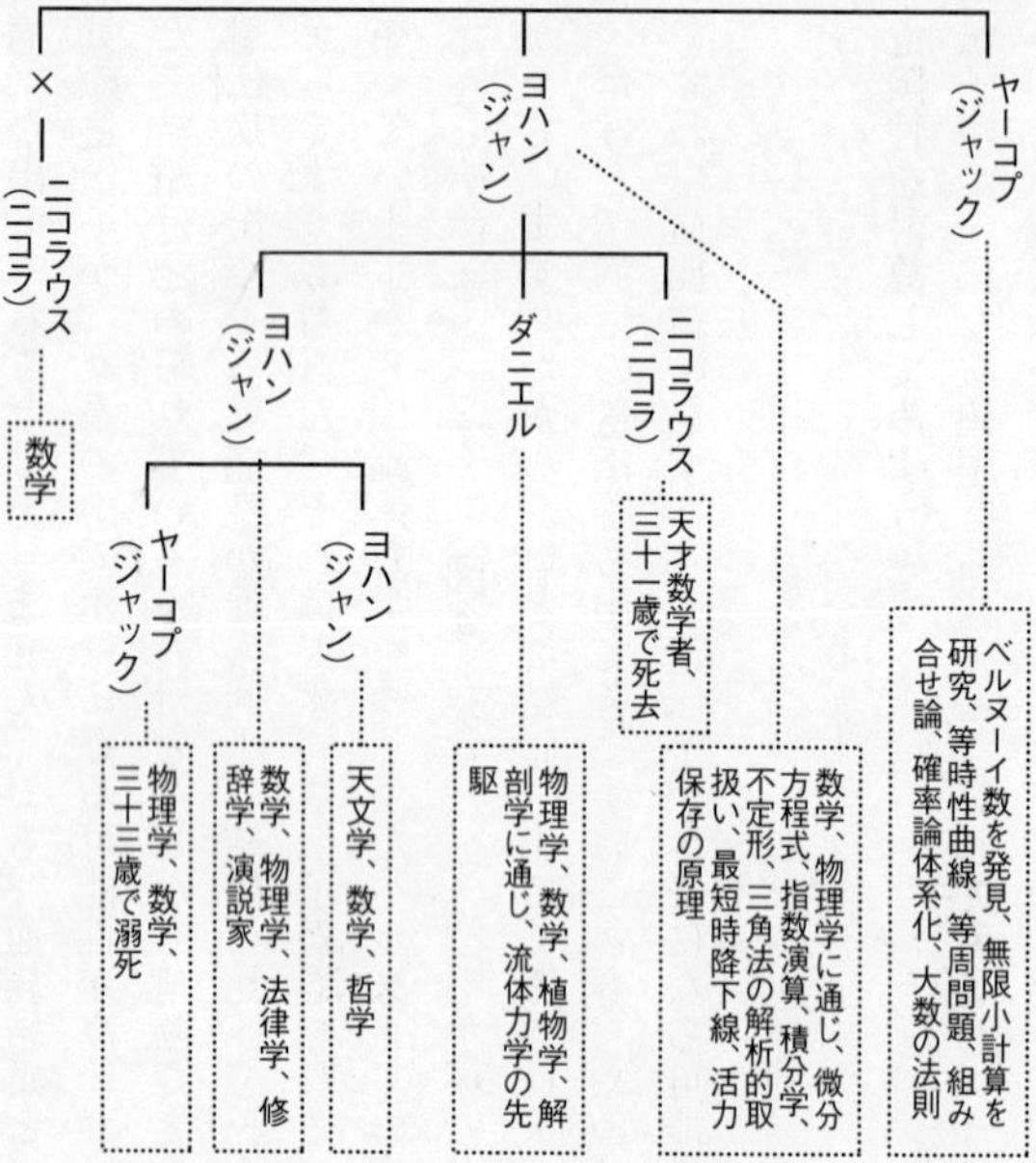
ヤーコプ（ジャック）
ベルヌーイ数を発見、無限小計算を研究、等時性曲線、等周問題、組み合せ論、確率論体系化、大数の法則
ヨハン（ジャン）
数学、物理学に通じ、微分方程式、指数演算、積分学、不定形、三角法の解析的取扱い、最短時降下線、活力保存の原理
ニコラウス（ニコラ）
天才数学者、三十一歳で死去
ダニエル
物理学、数学、植物学、解剖学に通じ、流体力学の先駆
ヨハン（ジャン）
ヨハン（ジャン）
天文学、数学、哲学
数学、物理学、法律学、修辞学、演説家
ヤーコプ（ジャック）
物理学、数学、三十三歳で溺死
×
ニコラウス（ニコラ）
数学

図4　ベルヌーイの家系

の二個の遺伝子のうち、子どもに星印がくる確率は二分の一です。二個のうち一個がこっちに伝わる確率だから二分の一です。これがまたその子どもに伝わる確率も二分の一ですね。そして最後にキャリアであるいとこ同士で星印と星印が一緒になる確率は、片方から二個のうちの一つ、もう片方からも二個のうちの一つ伝わる確率ですから、一緒になる確率は四分の一になります。そうしますと、いとこ結婚でホモになる確率は、全部で、1/2×1/2×1/2×1/2×1/4と、こうなりますね。いいですか。一番上の男性がもっていた病気の遺伝子が、いとこ結婚でホモになる確率は、これだけになります。

ところが、これをただ計算しちゃ駄目なんですよ。よく見てくださいね。これは、図3の一番上の男性が右側にもっている遺伝子がホモになる確率です。ところが、求めるのは一番上の世代の持つ遺伝子のどれかが一番下でホモになる確率です。病気の遺伝子は、図3では一番上の男性の右側の遺伝子にありますが、左側に、あるいは女性にある場合もあるわけです。で、それぞれ一番下でホモになる確率は全部同じなので、それぞれ先ほどの計算式になります。だから、一番下の子どもにとって、父親と母親の共通祖先である一番上の男性と女性の遺伝子のいずれかがホモになる確率、つまり遺伝子が一緒になる確率は、先ほどの計算式に四を掛けた値になります。この確率を近交係数と言います。なぜ四を掛けるかというと、共通祖先には、ホモになるべき遺伝子が四個あるからですね。

で、計算をした結果、答えは十六分の一となり、いとこ結婚では近交係数が十六分の一であることがわかりました。結婚できるのは十六分の一までです。十六分の一よりも大きくなる血族間では結婚できない、という法律があります。こういう公式を覚えておいてください。つまり、いとこ結婚までは結婚が許されているけれども、近交係数が十六分の一よりも大きくなると、遺伝子がホモになる確率が高いために、遺伝病になる確率も上がってくるわけです。

では、兄妹《きょうだい》で結婚するとどうなるか

では、もう少し例をあげてみますね。あるところに夫婦がいて、そこに男の子と女の子が生まれました。そのとき兄妹で結婚できますか、という問題はどうですか？兄妹で結婚できるわけないじゃないか、というのは当然なんですが、兄妹で結婚した場合の近交係数を求めなさい、と言われたら幾つになりますか？

よくあるじゃないですか、シェークスピアの劇かなんかでね。最初、知らずに育てられた二人が後に出会い、仲良くなって結婚しようとしたら、本当の兄妹だったということがわかったとか。そういう物語がありますけど、この子どもの近交係数はいくらですかと言われたら、こうやって計算するんですよ。いいですか。近交係数は、子どもの共通祖先の遺伝子がホモになる確率ですね。共通祖先というのは、お父さん側とお母さん側の共通の祖先ですから、図5の一番上二人が共通祖先になります。共通祖先は夫婦あわせて遺伝子ABCDをもっていますから、Aがホモになる確率、Bがホモになる確率、C、またはDがホモになる確率を全部計算して足せば近交係数になります。簡単なんですよ。まずAから考えますね。Aが共通祖先の子どもに来る確率は二分の一です。A、Bのうちどっちかが来ますからね。だから、兄妹にはどちらも確率二分の一で来る。兄妹に来たA

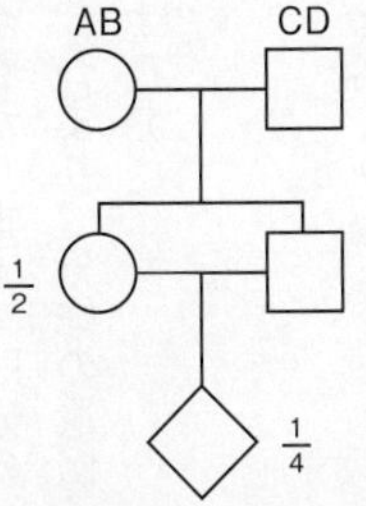

近交係数:

$$\frac{1}{2}\times\frac{1}{2}\times\frac{1}{4}\times 4=\frac{1}{4}$$

図5　兄妹結婚と近交係数

が、その子どもでホモになる確率は四分の一ですから、計算式は1/2 × 1/2 × 1/4となりますね。これがAがホモになる確率。ところが、Aだけじゃなくて、BもCもDも全部、ホモになる確率を考えなくちゃいけませんから、これを四倍しないといけませんね。すると、答えは四分の一となって、これは十六分の一よりも圧倒的に大きいですよね。だから、兄妹結婚はできないということがわかります。四分の一ということは、遺伝子がホモになる確率が異様に高いですね。つまり、兄妹の遺伝子というのは非常によく似ているということがこれでわかるわけです。

異母兄妹の結婚は認められるか

では次の例です。あるところに男の人がいました。女の人と結婚をして、玉のような男の子が生まれました。でも、残念ながら離婚してしまいました。その後、この男の人は別の女の人と結婚をしました。そこから女の子が生まれました。それから二十年経《た》ちました。二人はあるとき出会ったわけですね。東京大学の生命科学の授業で、隣に座っていたとする。この二人は結婚できるでしょうかという問題は、皆さん、どうですか?

これは、お母さんが違うので異母兄妹ですね。異母兄妹の結婚が認められるかということです。雰囲気的に大体わかるよね。さすがに異母兄妹じゃ結婚できないだろうと普通は思うわけですけど、実際、どれくらい遺伝子が似ているかということを計算してみましょう。共通祖先というのは、お父さんの祖先とお母さんの祖先で、共通な人のことですから、この場合の共通祖先は再婚した男の人だけですよ。離婚した女性は、男の再婚相手との子どもとは全く無縁ですね。だから共通祖先ではありません。ということは、図6のAとB二つの遺伝子についてホモになる確率を調べてやればいいわけです。

で、Aが片方の子どもへ来る確率が二分の一、もう片方の子どもにくるのも二分の一で、一緒になるのは四分の一ですから、1/2×1/2×1/4。これが、Aがホモになる確率で

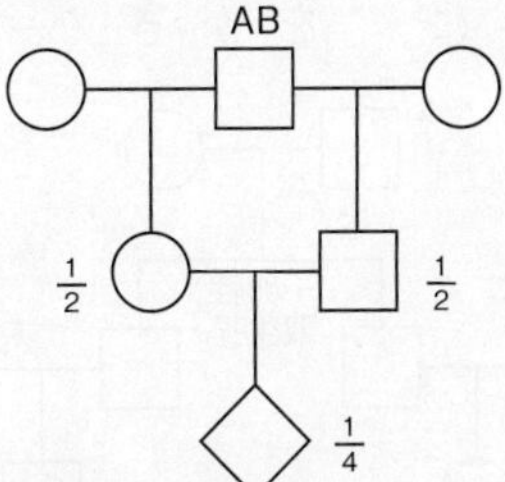

$$\frac{1}{2}\times\frac{1}{2}\times\frac{1}{4}\times 2=\frac{1}{8}$$

図6　異母兄妹の結婚

す。今回は共通祖先の遺伝子はAとBだけですから、この式に掛ける数は二ですよね。計算すると八分の一となって、普通の兄妹よりもちょっと血が薄くなっているけど、十六分の一よりも大きいですから、異母兄妹は結婚できないということになるわけです。

これは非常にクリアな話で、結婚できるかできないかというのを、この式を使って考えることができます。例えば、おばさんとおいっ子が結婚できるかっていうと、それはできないですね。こういう話をすると、面白い話がいっぱいあるわけですよ。

だったらさ、これはどうでしょう。あるところに男の兄弟がいましたが、この兄弟は一卵性双生児でした。この一卵性双生児は、一方がある人と、もう片方も別の人と結婚をして、一方に男の子が、片方に女の子が生まれました。もうなんとなく話が読めてきましたね。この二人が出会いました（図7）。

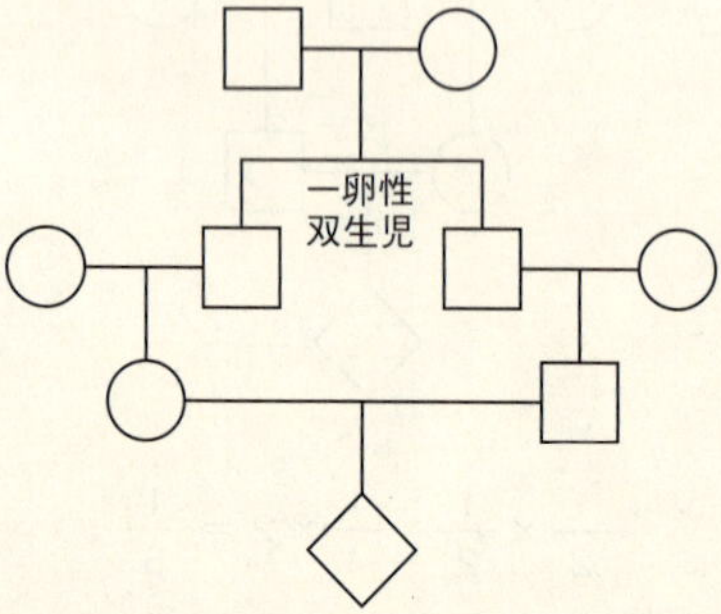

図7　一卵性双生児のいとこ結婚

結婚できますかって問題は、計算しなくても解けますね。普通だったら、兄弟の子どもですからいとこ結婚で、問題ないですよね。でも、この場合のいとこ結婚は許されるかっていうと、一卵性双生児というのは遺伝子が全く同じですから、異母兄妹と同じことになるね。つまり、ある一人の人が別の人と結婚をして子どもを生んだってことになるね。だから、これは八分の一になっちゃうんですね。父親が一卵性双生児の場合のいとこ結婚は近交係数が八分の一になって、非常にホモになる確率が高くなるので、いとこ結婚は認められないということになるわけです。

ちょっと話が複雑になってきましたが、これには面白い話がいっぱいあって、あるところに女性の姉妹がいました。ちょっと図８（次頁《ページ》）を見てください。別のところに男性の兄弟がいました。話が読めてきましたね。その兄弟と姉妹がお互いそれぞれ結婚をしたんです。片方から女の子が生まれ、もう片方から男の子が生まれました。つまり、兄弟の子どもですからいとこですね。これ二重いとこと言います。このいとこは結婚できると思う？　兄弟同士が結婚をしたときのいとこの結婚はどうなるかっていうことですね。答えは八分の一になりますので、自分でやってみてください。

このように、人生はいろんなことがあって、こういう複雑な関係というのは世の中にいっぱいあります。そういう関係になったときに結婚できるかできないかというのは、近交係数が十六分の一よりも大きいか小さいかということで判定するんだ、ということをちょっと知っておいてくれるといいですね。

遺伝子を均一にする方法

本当は今回、優生学の話をするつもりだったんだけど、こっちの話の方が面白いので、つい話が逸《そ》れてしまっています。皆さん、こんなこともあるんですよ。私たちは研究で動物の掛け合わせをしているんですが、そのときに、戻し交配というのをするんです。この戻し交配というのは、系を均一にするために行います。例えばネズミだと、雄と雌がいるとしますね。で、雌の子どもが生まれたとしますと、この雌の子ど

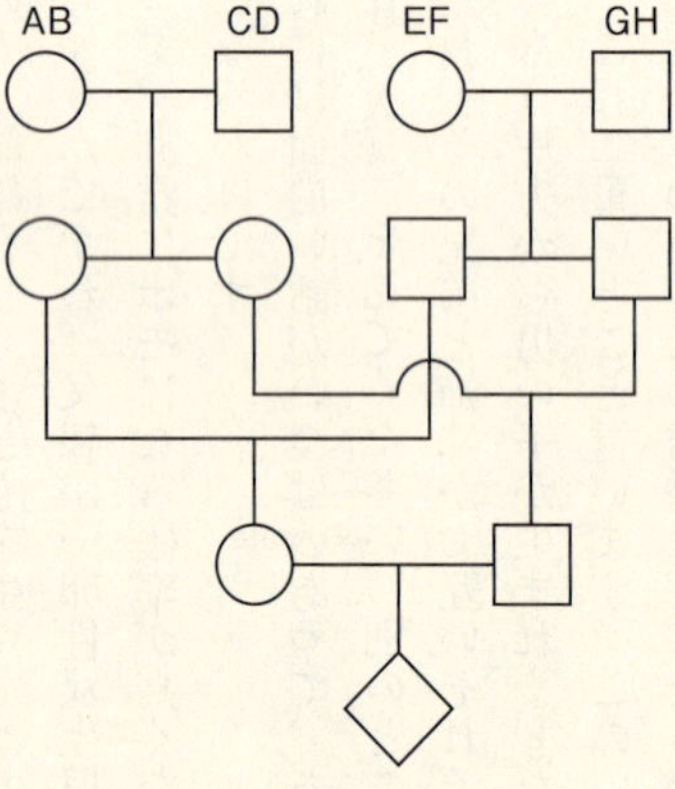

図8　二重いとこの結婚

もをお父さんと交配するということを行います。人間だと大変だ、こんなこと。近親相姦《そうかん》になって大変なことになるんですが、動物では戻し交配といって、お父さんと交配をしてまた子どもを生むということをやります。

この戻し交配の近交係数を求めてごらん。とんでもない数になりますね。これは逆に、遺伝子を均一にしたいときに行います。今までは、遺伝子が均一になると遺伝病がたくさん出てくるので困ったわけですよ。でも、研究で用いる動物の場合は、近交系といって、均一にした方がいいんですね。遺伝子が違っていると比較できないけれども、よく似た遺伝子のバックグラウンドにしておくと比較ができて、非常に研究がしやすいということがありますから、こういう交配をよく行います。

図9を参考に計算してみればわかりますが、この

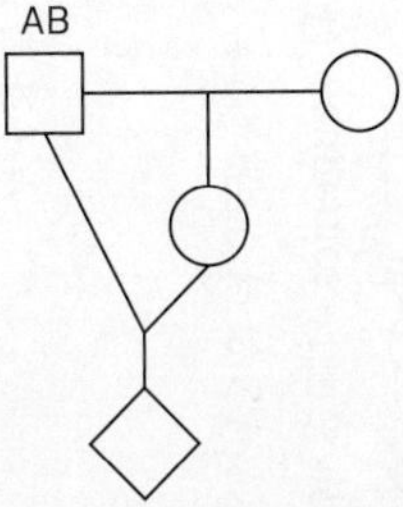

$$\frac{1}{2}\times\frac{1}{4}\times 2=\frac{1}{4}$$

図9　戻し交配

近交係数は四分の一になって、戻し交配をしてできた子どもというのは、元々の親と同じ遺伝子をもっている確率が高いということがわかります。この戻し交配を何度も繰り返すことによって、均一な遺伝子をもった系を作ることができる。これを近交系というんですが、この近交系というのは、実際動物で作られているんだ、ということもちょっと知っておいてくださいね。逆手にとって掛け合わせをすると、非常にうまく均一な動物が作れる、というのも魅力であることは確かです。

優生学が出てきた背景

遺伝学ではこういうお話が色々ある、というのをちょっと知っておいて、優生学の話に移ります。これは言葉を覚えておいてくださいね。eugenicsと言います。優生学は、今まで非常に怖い、辛《つら》い歴史があった学問です。これは、チャールズ・ダーウィンのいとこであるフランシス・ゴールトンという人が一八八三年に唱えた理論です。このゴールトンはどう唱えたかっていうと、「人間を動物のように改良すべきである。そして、よい人間はよい交配をすることによって、その家系はいい子どもがたくさんできるだろう」というような考えを出してきたわけです。

これは結構みんなに受けたんですね。なぜ受けたかっていうと、その当時の社会状況は色々複雑で、貧富の差が激しくなっていました。そうすると、社会の下層段階というのが出てきます。で、「下層段階の人たちは多分悪い遺伝子をもっているに違いない」という考え方があったんです。そして、そういう悪い遺伝子をなくして、よい遺伝子だけにすれば社会がよくなるのではないか、という考え方につながりました。このゴールトンの考え方は、望ましくないものを排除し、いいものを残すというやり方で、そんなことをするのは悪いに決まっているんです。だけど、じゃあ、私たちはこれをやっていないかというと、やっているかもしれないんだよね。例えば、遺伝子診断というのは、望ましくないものを排除しているわけです。だから、どこまでこの過去の歴史を反省して、私たちがちゃんとした遺伝学を作ることができるかは、非常に大きな問題になってきて、今回のお話は、意外と大切なお話なんですよ。皆さんにも少し考えていただきたいと思います。

この優生学の考え方は、二十世紀のはじめ、白人社会に非常に広く受け入れられました。例えば、白人社会では、赤ちゃんコンテストなんていうのが始まったわけです。太った赤ちゃんの方が優良な赤ちゃんであると考えられ、そういう赤ちゃんを育てようという気運が高まってきたことがありました。僕が小さい頃も、まだ赤ちゃんコンテストってあったんですよ。今では、さすがにそういう赤ちゃんコンテストというのはなくなりました。何でかと言うと、生まれたときの体重によって生存率が変わるとわかったんだよね。大体三〜三・二キログラムで生まれた赤ちゃんの生存率が一番高く、例えば四キロとか二キロで生まれた赤ちゃんというのは、生存率が低いことが現在わかってきて、決して太った赤ちゃんがいいわけではないということがだんだん明らかになってきたんです。でも、その当時は太った赤ちゃんの方がいい赤ちゃんだというふうに考えられていて、それが受け入れられていました。

優生学の暴走

また、一九二九年、例えば北欧で断種というのが行われました。これは、悪い遺伝子をもっている人には子を作らせるなというものです。例えば、精神疾患の人とか、色々問題がある人には子どもを作らせないようにしなさい、というものです。そうすれば社会がよくなるのではないか、という断種プログラムが施行されました。やっぱり歴史から学ぶって非常に大事ですからね、こういうことが実際に行われたっていうことを知っておいてくださいね。

この頃の考え方では、例えば、病気とか反社会的行動は血が行っている、すなわち、遺伝によって決まっているんではないか、となっていました。つまり、悪い病気とか反社会的行動を起こすような人たちは、悪い血が混ざっているのであって、その血を絶つことによって社会はよくなるんではないか、と考えられていたんです。「血が支配する」。こういう考え方があったわけです。そのうち、反社会的行動を犯罪だけではなくて、例えばアル中とか、先ほど言った精神遅滞、知的機能が少し劣るという、そういうものまでも悪い遺伝子によって起こっているんではないか、というふうにだんだん考えられるようになってきたものもありました。そして、皆さんご存知のように、この考え方がナチスドイツによるユダヤ人の排斥ということにつながっていったわけです。

ただつながっていったのではなくて、この頃はちゃんと研究は行われていました。つまり、遺伝学というのはこの頃から出てきたわけです。どういうところで遺伝学の研究がやられていたかというと、例えばイギリス、ドイツ、アメリカ辺りで行われていました。

例えば、ドイツではカイザー・ウィルヘルム研究所というところで研究がやられていました。今はマックス・プランク研究所と言われていて、ドイツの中で一番しっかりした研究所なんです。ここで遺伝学がずっと研究されていたんですが、当時の研究内容は、いい血を残すためにはどうしたらいいかとか、悪い血を絶つためにはどうしたらいいかとか、そういうものでした。

同じように、アメリカでは優生学オフィスというのが作られたり、イギリスでも新しい研究所としてロンドンのユニバーシティ・カレッジという日本でいう東大みたいなところがあって、ここに遺伝学の研究所が置かれていました。このように、世界中で遺伝というのが研究されてはいたんだけど、研究の焦点は主に、悪い血をどうやって絶ったらいいか、いい血をどうやって残したらいいか、ということに絞られていたわけです。

愛国心も遺伝する？

この当時の研究は、今から見るととんでもない研究がいっぱいあってですね、どんな研究が行われていたかというと、遺伝率なんて研究が行われていました。あるものはどれくらい遺伝するかという研究です。例えばpatriotism、愛国心ですね。愛国心も遺伝するというのです。ちゃんと家系図を書いて、愛国心がどれくらいその家系で遺伝しているか、なんてことが真顔で計算されていました。そのほかに、だらしなさ。これも遺伝すると考えられていました。だらしなさの遺伝の計算をして、どれくらいの人がだらしない性質になっているかとか研究されていました。有名な話では海を好むという性質。この海を好むという性質は確かに家系で伝わっている。当然だよね。お父さんが船乗りだったら、子どもも船乗りになりたいなと思うことがあるのは当然なんですが、それを遺伝するというふうに捉《とら》えていました。で、計算しようということで、こういうことが例にあげられて計算が行われていたわけです。

今から考えると問題だったのは、こういうときに、同様に人種と呼ばれているものも研究のまな板に載せられていったことです。その当時の研究だと、例えばユダヤ人は非常に犯罪を犯しやすいと。窃盗みたいなことを犯しやすい人種であるというようなことが、その当時の本に書かれていて、それがだんだん人種差別という方向にいってしまったわけです。

これらの遺伝学は、積極的な遺伝学と消極的な遺伝学に分けられ、積極的遺伝学というのは、いい血をどうやって残すか。だから、成績のいい人と成績のいい人を無理矢理結婚させて子どもを作らせる。そういう試みも行われたわけです。逆に、消極的な遺伝学というのは、先ほど言った、悪い血を絶たなければいけないというもので、断種とか人種差別とか、そういう方向にいったわけです。つまり、遺伝学の方向が今のような、病気を治すとかそういう問題ではなくて、違う方向にどんどんいってしまって、最終的にはナチスドイツみたいに、遺伝学を楯にとって人を殺してしまうということが起こってきたわけです。

生物学的に劣った人を除かなければいけない。それは今から考えるとすごいことだよね。生物学的に劣った人ってどうやって判定するんだっていうわけですよ。例えば、私なんかがその当時生きていたら、髪の毛がちょっと少ないから生物学的に劣っている、なんてその当時の考え方からいうと判断されかねないわけですよ。背の高い人は残して、背の低い人は殺してしまえ、なんて議論がどんどん出てきたわけですから。そんなことを考えると、我々の今やっている遺伝学もいつそっちに転ぶかわからない、という非常に危ういところにあるということが、ちょっとおわかりになるかと思います。この断種の研究によって、最終的には数十万人もの人が法律で決められたうえで断種されたという歴史があります。だから、子どもを残さないで亡《な》くなった方もいっぱいいるということなんですね。

人類遺伝学の誕生

その当時、学者はどうしていたかというと、決して手をこまねいていたわけではありません。ちょうどナチスドイツが台頭してきた一九三〇年頃から、どうもこの優生学はいかさまではないか、と言い始めました。でも、このいかさまだという説がなかなか大きな声にならなかったのは、この優生学は政治に利用されたからなんです。つまり、為政者にとっては非常に都合のいい考え方だったんですね。例えば、ヨーロッパ人にとっては、自分たちが優秀な人種であって、アジア人とかユダヤ人は下等な人種であるという考え方の方が、国を治めるには都合がいいわけです。だから、為政者は、研究者もそういう人をだんだん登用します。

だけど、我々科学者は、そうではない。この優生学はどうもおかしいという考えがやはりあって、一九三〇年頃からようやくそういう声が少しずつ上がってきて、いわゆるちゃんとした遺伝学というのが出てきたわけです。この遺伝学は、今回皆さんにお話ししている劣性遺伝とか優性遺伝とか、そういうことと同時に、昔ショウジョウバエでわかっていたことが人にも応用できる、ということも入っています。例えば、ハエは赤目とか白目というのが遺伝するんですが、ハエと全く同じように人の形質も遺伝するということがわかってきて、人間の形質というのも、遺伝学のまな板に載せられ始めてきたのがこの頃です。

でも、結果的には、ナチスドイツが戦争に負けるまで優勢にはならなかったんですね。ドイツが戦争に負けて、ようやく今のようなちゃんとした遺伝学に変わっていったわけです。最終的にこの優生学という言葉はなくなって、一九五四年に人類遺伝学という名前に変わったんですね。つまり、今まで優生学という名前で呼ばれていた遺伝学が、戦争後にHuman Genetics、つまり人類遺伝学という名前に変わって、ようやく今みたいな遺伝学に変わってきたということになります。皆さん、こういう悲しい歴史を背負って今の研究が行われているということを、ちょっと知っておいてくださいね。

遺伝学に潜む危険性

ところが、今の遺伝学にも大問題があるんですよ。何が大きな問題かっていうと、今でも良い悪いという判断で命が、例えば中絶されたりしているわけです。じゃあ、良い悪いは誰が判断しているんだ。今までは政府が判断していたところもあったけども、今の判断は夫婦に任されているわけですよ。自分の子どもを中絶するかしないかを誰が決めるかというと、法律ではなくて、お父さん、お母さんが決めるわけ。で、何を判断基準にするかっていうと、その夫婦がよい子どもを生むか、悪い子どもでも生むかっていうことが判断基準になっているわけで、人によってもちろん違うわけです。でもそれは、昔の優生学と何が違うんですか、ということが今、大きな問題になっていて、今回皆さんに考えてほしいところですね。

コラム 「環境にやさしい」は「お金に厳しい」

太陽光発電って、家の屋根に機械を付けておけば、自然と発電してくれます。放っといても発電してくれるから、非常にいいよね。しかも、電力が余ったら電力会社が買ってくれるって知ってました? だから、電気代が安くなるんですね。自分の家が儲《もう》かるんです。でもこの話、何か変だと思わない? 日本の全部の家が太陽光発電にしちゃったら、電力会社は儲からないよね。そうでしょ。そのままでは電力会社は損するはずなんですよ。でも、太陽光発電を勧めている。

世の中には深い読みがあるなと思って、その理由はっていうとね、太陽光発電の機械が高いんです。太陽光発電を家に取り付けるためには百万円とか二百万円かかるわけです。そうすると電力会社は儲かりますね。で、太陽光発電で作られた電気を電力会社は買うわけですが、買うのは百円とか二百円とかなんですね。そうすると、ペイするのは何年後になるか知っていますか? 百年以上かかるんです。ということは、結果的には電力会社は儲かっているんですね。実は、太陽光発電というのは、なかなかペイしないってことになるんです。

同様に風力発電も全くペイしないんです。だから今世界中に、原子力を止《や》めて風力にしろってムードが出ていますが、ドイツ政府は風力発電はペイしないから止めたって言ったんです。風力発電をしてもお金がかかってしょうがないと。ある意味では効率よく電気を作ることができるので、原子力が一番いいんですが、原子力が嫌いな人がいる。で、風力にすればいいかっていうと、今度は非常にお金がかかるんですね。
環境とお金の関係ってのは非常に難しいんです。本当に環境に優しいことをやれば、お金がかかるんです。それだけお金をかけると、例えば君たちの医療に対するお金とかね、そういう社会保障のお金の方を削らざるを得なくなってきてしまうんですね。環境にどれだけお金を使ったらいいかっていうことが、今、一番大きな問題になっているってことをちょっと知っておいてくださいね。

現代の遺伝学では、健康であることを目的に、個人のもつ遺伝情報をすべて明らかにして疾患遺伝子がないかということを、研究しているわけです。これは元々、私たちが健康で過ごしたい、ということが根本にあって、遺伝子を調べて疾患がないか、それを問題にしています。これが現代の遺伝学の基本です。

そうするとですね、個人はどう選択したらいいか、ということにかかってくるわけです。だから、個人の選択が非常に大切な問題になっています。まず診断をする、その次に予防する、病気だとわかったら治療を行う、個人の選択はこの三段階に分かれているわけですね。では、遺伝子を診断するというのは予防か治療、どっちに重点が置かれているかというと、病気だとわかっても治すことが必ずしもできるわけではないので、主に予防に力が入れられているわけです。自分が子どもを生むとき、お腹《なか》の赤ちゃんがどうかということを、診断しているわけですね。治療はというと、そんなにはうまくいかない。すべての遺伝病が治療できるわけではないんです。だから、どうしても予防に重点を置かざるをえないわけです。とすると、何がいいか何が悪いかというのは、全部あなた方の判断に任されているわけですよ。そうでしょう？

将来すべての遺伝子がわかったとしてですね、例えば、お腹の赤ちゃんがほんのちょっと糖尿病だってわかる。だけどＩＱがちょっと高いってことがわかったら、皆さんその子どもを生むかどうか、どう決めます？ 少し病気をもっているから年をとったら苦労するかもしれないけど、普通の人より高いＩＱをもっていることもわかっている。そういう子どもが自分の子どもだと仮定すると、その子どもを生みますか？

生むのをやめますか？　これも人によって違うわけです。ＩＱが高いから生むっていう人と、いや、ちょっとでも病気があったら嫌だからやめるという人に分かれてしまうわけで、個人の選択が非常に難しくなってくるわけですね。これが予防についての第一点です。

治せない病気を診断するべきか

だけど、選択は決して個人だけがするんじゃないんですよ。社会が選択する場合もある。これも意外と難しいんですね。今、どんなに原因がわかっても絶対治せない病気もあるわけです。そういう治せない病気を遺伝子診断して、社会には何かメリットがありますか。例えば、今絶対に治らない病気というのを遺伝子診断して、あなたはその遺伝子をもっていますよって言われても何もうれしくないわけですよ。そうでしょう。だから、治らない病気を遺伝子診断すべきかどうかって議論が行われています。

また、診断するのはすごく費用がかかります。しかも、わかっても何のメリットもないっていうような病気がいっぱいある。そういう場合、診断しない方がいいんではないか、ということです。もし、非常にお金がかかるような病気があったとします。例えば、糖尿病なんていうのは、治療のためにものすごくお金がかかります。今の財政状況では国は充分な保障ができないという場合があります。

例えば貧しい国があって、そんな国でも遺伝子診断をすると、高血圧とか糖尿病とか、ごく普通の成人病の診断はすぐできるわけですよ。でも、わかったとたんにお金がかかる。政府は充分な保障ができないわけです。どうやったって政府は対処できないという場合に、そういう国では遺伝子診断をすべきかどうかってこと自体が問題になってきます。診断するとお金がかかる場合がある、これが非常に問題で、国によっては、すべての病気を遺伝子診断できるとは限らないわけです。日本はできるけども、他の国ではできないっていう場合もあるわけです。

社会が抱えるもう一つの大きな問題

そして、ある国で言われているように、もう一つ大きな問題があります。これは非常に申し訳ない話なんだけども、お腹の中の赤ちゃんに何か異常があったとします。その異常があったとき、その子どもを生むと将来いくらかかるか予測がつくわけです。そうしたとき、もしそういうお子さんがたくさん生まれたら、国はやっていけないということがわかった。どうする、国としては。ある特定の病気のお子さんが一人二人なら全然問題ないけども、そういうお子さんがたくさん生まれると非常に治療費用がかかって、どうしても正常に生まれた皆さんの健康保険すらカバーできないと。で、ある国はどう決断したかっていうと、そういう異常のある子どもは生まないように指導する、というふうになってしまったわけです。

もし、そのまま生んでしまうと、普通の方の健康も損なわれる可能性があるんです。そういう場合は、お金と相談せざるをえないわけです。子どもには生まれる権利が必ずある。誰でもそう思うんですが、そういう子どもが生まれた場合に、他の人の健康の度合いが普通よりも下がる可能性があるとき、国はどう判断しなければいけないか、ということが今問題になっているわけです。

そういう場合、もうすでに生まれている人の健康は保障しなければいけません。こっちの方が大切なわけですよ。生まれる前の人よりも、もう生まれてしまった人の健康の方が大事であり、こちらを重点的にするとですね、問題があるお子さんは生まないように指導せざるをえないということになるわけです。だから、かわいそうだから、人間は皆同じだからという議論は、お金の問題になったとたんに、うまく成り立たない場合があるということもちょっと知っていてくださいね。非常に辛《つら》い話なんです。お金さえあれば問題ないし、もっと安価で、すべての人が助かるような技術があればもっといいんだけども、今の現実ではそうはならないわけです。だから、社会も子どもを選択せざるをえないという状況が今ある、ということをちょっと知っておいてください。

今、選択は個人に委《ゆだ》ねられた

遺伝学の話はこういう大事な話に入っていくわけですけれども、覚えてほしいのは、どんな子が欲しいかというのは夫婦の選択になるわけです。社会が選択するんではなくて、夫婦が選択し、生むと決めたらその子どもについては夫婦が責任をもたなければいけません。だからやはり、診断した後の決定というのは非常に大切になってきます。つまり、ここに自己責任が生じるわけです。他人ではなく、自分が生むと決めたんだから、どういう子どもだとしても自分の責任のもとに育てるっていう。育てるときには国が全部面倒をみなきゃいけない、そういう議論はやはり成り立たないわけですね。自分で責任をもって育てなきゃいけない。

実は、これは優生学そのものなんだよね。つまり、いい子どもを育てたい、悪い子どもは生まない、というのが優生学でした。実は、その優生学が、今は個人レベルに落ちてきているわけです。皆さんが選択しなければいけなくなっているわけで、悪い言葉で言うと、個人レベルの優生学が、ある意味では世界中で行われているわけです。

では、どうしたら賢い選択ができるかというわけですね。賢い選択をするためには、正しい知識が必要です。皆さんにどれだけ知識があるかで、選択の余地が決まるわけです。例えば、こういう遺伝子をもっているとこうなるっていう、そういう知識があれば、自分でちゃんと選択できるわけですね。だから、正しい選択をするためには正しい知識をもたなければいけませんよ、ということです。で、今回の遺伝学の勉強は、こういうことを皆さんになるべくわかっていただきたいためにしたわけです。

今回のお話は、最初に近交係数の話から入って、遺伝学には今こういう問題があるんですよ、ということをちょっとわかっていただきたくて、優生学の話をいたしました。

Q&A 質問タイム

学生A キャリアとヘテロというのは同じことですか?

石　浦 そうです。ヘテロというのは、二つの遺伝子が違うっていう意味。キャリアっていうのは、何かの遺伝子をもっているけど表には出ていないという意味だから、ヘテロとキャリアって、同じことですね。

学生A　じゃあ、劣性遺伝じゃなくても一緒なんですか？

石　浦　優性遺伝の場合は、遺伝子をもっていればもう病気になっちゃうんです。だけど、それはキャリアとは言いません。キャリアは日本語で保因者って言うんですけども、保因者というのは、一見正常で劣性遺伝のときだけ使う言葉なんです。

＊

学生B　優性遺伝も近親結婚だと危険性が増すんですか？

石　浦　ちょっと自分で計算してごらん。

＊

学生C　今治せない病気が将来治せるようになる可能性はありますか？

石　浦　当然あって、それが医学の歴史になっています。私の個人的な考えですが、治せないものはないんです。だからどんな困難があっても研究は続けなければならないんです。

第6講義

第6講義　男と女で違うこと

今日は、私たちの身体《からだ》の話です。もともと一年生には身体の話から、と思っていたのですが、遺伝の方が面白いのでこちらが後回しになってしまいました。しかし、意外に自分の身体のことを知らない学生が多いのには驚いてしまいます。

今回は、男女の性差の話をしたいと思うんですけれども、その前に一つだけお話をしてから講義を始めたいと思います。

ドカ食いが健康にいいかもしれない

今回はまずダイエットの話をします。実は私は三週間ほど入院していたことがあるんですが、入院して四キロ痩《や》せたんですよ。四キロ痩せてもまだ八十キロ台なんで、以前いかに太っていたかということがわかります。今まで十年間、僕はどう頑張っても四キロ痩せることはできませんでした。ところが、ちょっと病院に入って、じっと何もしないでいただけで四キロ痩せました。原因は何かって、もうはっきりしているんです。自分でもよくわかったけど、とにかく食事なんです。食事をしなきゃ痩せるんですよ。ハンバーガーはいかにカロリーが大きいかということがよくわかりましたね。病院の食事というのは本当に粗末な食事なんだ。「ええっ！　こんなものを食べるのか」というのを食べていると、やはり痩せるんですね。だから、よくいろんなところに出ていますけど、痩せたい人はやっぱりカロリー制限の食事を摂《と》るとかなり痩せますね。

そこで面白い話が一つあって、今まで朝飯を食べて学校に行くというのは必要だと言われていたんです。その話はどこから出てきたかというと、例えば、朝飯を食べてきた学生さんと、朝飯を食べていない学生さんに対して、午前中にいろんな試験をしたんです。そうすると、朝飯を食べていない学生さんの方が点数が悪かった。そういう結果が出たので、朝飯を食べた方がいいんじゃないかという話が新聞とかいろんなところに出たわけです。そこで、みんなそれを信じていた。

ところが、何も科学的な根拠がなかったんです。そこで、ある人が気が付いたんです。皆さんラマダンって何か知ってる？　これはイスラム教の断食《だんじき》の月ですね。一カ月断食するというものです。太陽が出ているときにはご飯を食べない。日が陰って夕方の五時頃になると、みんなお家《うち》に帰ってきて、ドカ食いをするわけですね。あのラマダンって習慣は、身体に悪そうだよね。でも、イスラム教の人でお相撲さんみたいに太っている人いる？　あまりいないよね。ラマダンという慣習が、ひょっとして身体にいいんじゃないかって調べた人がいるんです。一カ月のラマダンの時期が終わった後と、その前とで血液検査をすると、ＨＤＬコレステロールといういいコレステロールが上がっていて、ＬＤＬコレステロールという悪いコレステロールが下がる、という結果が科学雑誌に発表されました。つまり、絶食をしてドカ食いをした方が身体にいいという結果が出てきたんです。

みんなびっくりした。ひっくり返った。今までの考えとは全く逆なわけですよ。みんなこういう結果を見たらどう思います？　この結果を見て、じゃあ、これを実証してみようという人がいて、ネズミの一種ラットを使って実験をしました。どんな実験をしたかというと、ラットに一日全く食べさせないで絶食をさせる。で、次の日はアドリブと言って、自分勝手に好きなだけ食べさせる。アドリブというのはアドリビトゥムというラテン語の略語です。そして、その次の日にまた絶食させ、また勝手に食べさせるというのを繰り返したんです。そしたらどうなったかというと、このネズミは普通のネズミよりも三〜四割長生きしたという結果が出た。これ、最近の結果です。いいですか、普通の寿命の三割長生きしたら、一〇〇歳が一三〇歳になっちゃうわけですよ。ということは、ミール・スキッピング・ダイエットという、ミール、つまりご飯をスキップする、要はご飯を食べないダイエット法というのは、ひょっとしてすごい効果があるんじゃないか、というのがこの間発表されて、おおっと驚いたわけです。

皆さん、この話を聞いたらどうします？　ちょっと辛《つら》いよね。一日何も食べないで、次の日ワァっとドカ食いしたら、もう死にそうな感じになると思いますね。でもこれ、ネズミですよ。誰も人間でこれを証明していないので、僕が言ったからといって、やってもどうなるかはまだわかりませんよ。だけども、この二つの結果から、今まで常識だと思っていたことが、どうも違うんじゃないかということが最近わかってきたんですね。これらの結果は、アメリカの医学会誌とか、イギリスの医学雑誌の「ランセット」という非常に有名なところに報告をされて、ひょっとして正しいかもしれないね、と今みんな思っているところですね。このように、常識から外れた事実というのは、そこから意外と新しいものが生まれてくる可能性があるわけです。こういうお話をちょっと聞いたのでご紹介しました。

性のアイデンティティ

私の講義は今回で6回目になりますが、先ほど言いましたように性差のお話をすることにいたします。まず、性のアイデンティティの話で、こんな実話があります。これに非常によく似た話は新聞に出たことがありました。男の子がいて、ある事情で男性の性器が切断されてしまった。おちんちんがなくなってしまったので、両親はその子を女の子として育てることにしました。そういう話が新聞に出ていました。でも、最後が非常に衝撃的でしたね。今から話すのもある男の子の話です。その子は、最初はジョンという名前だったんだけども、あるときからジョーンという名前で女の子同様に育てるようになりました。ところが、このジョーンという子は、フリルが付いてたりする、普通女の子が好むような洋服をどうも好まない。元々男性ですからね。で、好まないということがわかって、これはまずいということで、女性ホルモンの注射をしました。そうすると、体型は女らしくなってきた。で、その後どうなったかというと、この子はうつ病にかかってしまったんです。見かねた両親は、本当のことを本人に言ったわけです。もちろん本人は驚きました。本当は男だけど、君は女として育てるんですよなんて言われたらびっくりします。でも理由がわかったわけです。何となく今までおかしいなと思っていた理由がわかって、やっぱり最後に再び本当の元の性に戻るために、男性ホルモンの注射をし始めました。そして元のジョンという名前に戻って、結婚して幸せに暮らしているというお話です。だけど、以前新聞に書いてあった話は違いました。この人はどうなったと思います？　この人は三十何歳で自殺してしまったと書いてありました。だから、別の性で育てられたということは、その人にとって非常に大きな葛藤《かっとう》になったわけですよね。どうしても当人の中では理解できないということになって、命を絶ってしまったというように書いてありました。だから、やはりこういうことは起こりうるということです。

では、その性差はどこで出てくるんだろう。男である、女であるという性差はどこで出てくるんだろうという話を、今回は少し真面目《まじめ》にしたいと思いますので、ちょっと私の話を聞いてくれるとありがたいと思います。

性差で興味ある話はいっぱいあって、例えば女性は地図が読めないとか本に出ていますけど、あれは何でかなとか思いません？　他にもそういうことありますよね。鉄道研究会は男ばっかりだとか、将棋を指すのは男ばっかりだとか、切手を集めるのは男ばっかりだとか。だけど、お人形さんで遊んだり、綺麗《きれい》なものが好きなのは女性が多いとか。それはなぜだ。それは生まれつきなんです。ではなぜ生まれつき男性と女性の性差が決まっているんだろう。こういう研究は非常に少ないんです。

知っておいてほしい体のこと

性差についてお話をして、後で脳の話とか体の話をしますけれども、その前に、もっと非常に基本的な臓器の話を少ししてからそちらに移りたいと思います。例えば、肝臓の大きさは男と女で違うんですが、じゃあ、肝臓ってどこにあるんだいって言われたらやっぱりわからないといけません。いいですか、皆さんにちょっと簡単に絵を描いてもらいます。例えば、甲状腺《こうじょうせん》というのはどこにありますか？　絵を描いて場所と形を示しなさいと言われたら、描けますか？　男性にはのど仏ってありますね。甲状腺というのは、そののど仏に対してどこら辺にある？　のど仏の上にあるのか、のど仏とちょうど同じところにあるのか、のど仏の下側にあるのか、どれだ。答えはのど仏の少し下側にあります。甲状腺というのは蝶々《ちょうちょう》みたいな形をしていて、のどをぐっと開けて顕微鏡で見ると漢字の「甲」という字に似ているので甲状腺という名前が付いたんです（図1）。

じゃあ、口の中にある扁桃《へんとう》というのはどこにありますか？　「扁桃腺が腫《は》れる」という扁桃というのは、あーんと口を開けたとき、どこにあるんでしょうか。口をあーんと開けるとのどちんこが見えますが、扁桃はその横の部分にあります。それが扁桃で、リンパのたくさんある場所にあります（図1）。

こういうことを少しずつ順番に言っていきますから、まず体のことを覚えてから性差の話にいきます。では、自分の肝臓の場所を指差してください。肝臓の場所はどこでしたっけ。肝臓は左右対称じゃないよね。左右対称じゃないから、身体のどちらかに偏《かたよ》っているはずです。肝臓はどっち側にあるんでしょうか。

心臓というのは、皆さん知っているように正中線、身体の中央の線にかかって、やや左側にあります。心臓は、真ん中の線のライン上にあるんですね。心臓は完全に左側にあるんではないんですよ。ちょっと左側ですが、ほぼ真ん中辺りにある。その少し下辺りはみぞおちと言いますけど、このみぞおちの上が「うっ」て痛くなったら、これは心筋梗塞《こうそく》だということがわか

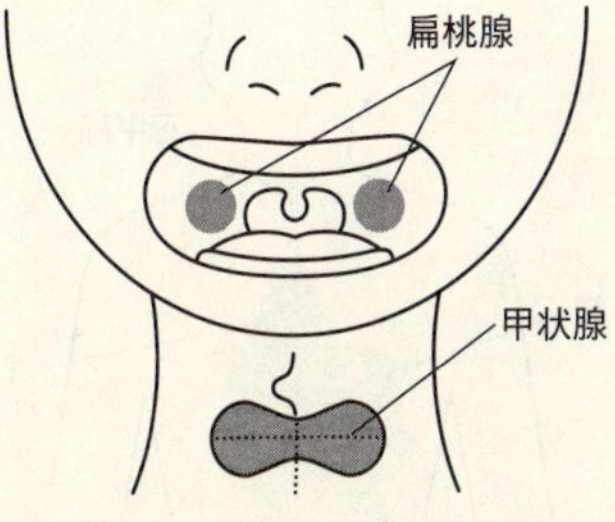

図1　甲状腺と扁桃腺

ります。心筋梗塞の前触れというのは、このみぞおちのちょうど上辺りが非常に痛くなるんですね。で、心臓の位置がこうなっているので、肝臓はそれに相当するように少し右側に存在します（図2）。同じように肺も、心臓がちょっと左にあるために、右側の方が大きいんです。だから、深呼吸をして息を吸うと右側の方が膨れます。

いいですか。人間の体は左右対称ではないんです。脳も左右対称じゃないんですよ。皆さんの頭は右と左どっちが膨れてる？　触ってごらん。僕は自分でMRIとったから、もう自分の頭がひしゃげていることがわかっているんですが、一般的には、人間は左の方が複雑になっているんです。脳のしわは左の方が多い。だから、左の方が膨れているのが普通と言われています。だけど、例えば生まれるときに産道でぎゅっと右側がつぶれたり、左側がつぶれたり

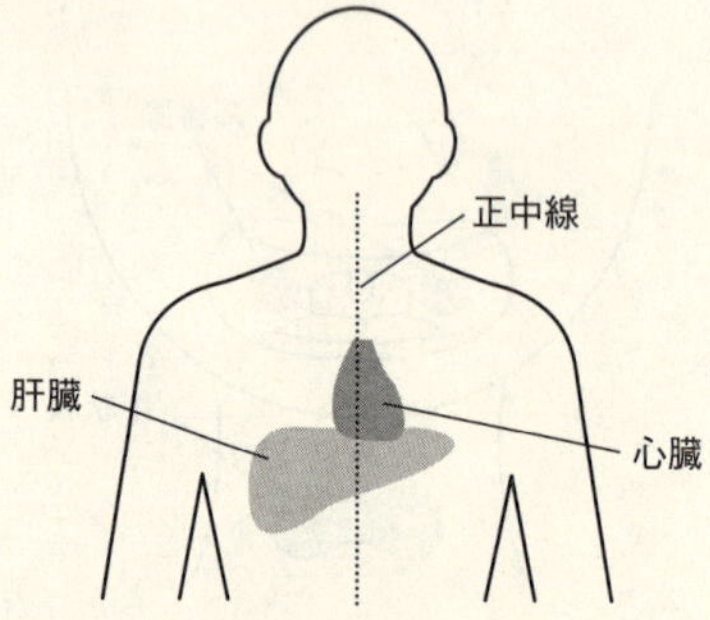

図2　心臓と肝臓

しますから、それは人によって違います。

では、十二指腸の場所を描きなさいって言われたら描けますか？　十二指腸というのはどこにありますか？　十二指腸というのは、胃から出たところにありますね。幽門と言いますけれども、その胃から出たところから小腸にいく間です。指を十二本重ねた長さなので十二指腸というふうに呼ばれています。だから、小腸の前辺りが十二指腸です。この辺をちょっと頭に入れといてください。あと、腎臓《じんぞう》の場所はわかりますね。腎臓というのはちょうど背中のここ辺りにあるとか、また左のわき腹、走ると痛くなる場所が脾臓《ひぞう》という場所であるとか。そういうことは、知っておくといいと思います。

突然死の原因に一番多い心臓

命にかかわるもので、やっぱり一番大事なのは心臓です。心臓は循環器というものの中に入ります。循環器というのは、心臓と血管とリンパを合わせたものを言います。だから、血管の病気も循環器科へ行かなきゃいけないし、リンパの病気も循環器科に行かなきゃいけません。心臓がなぜ大事かというと、急死と呼ばれているものを合わせますと、突然死の原因は心臓に一番多いからなんです。うっと心臓が痛くなって六時間以内に亡《な》くなるのを突然死、二十四時間以内に亡くなるのを急死というふうに言うわけですが、これを両方合わせると、日本では一年に八～十万人近く亡くなっているることがわかっています。ちなみに、自殺で亡くなる方は約三万人です。自殺で亡くなる方に比べても圧倒的に多いわけで、八万人を三六五で割ってみてください。一日何人ぐらい突然死で亡くなってるかというと、驚くべき数ですよね。そして、突然死というのは、その原因のほとんどが心臓です。

コラム　尿で見分ける体の調子

皆さんの体調を調べる話を以前したと思いますが、例えば、尿とか便で皆さんの体調がわかります。尿の場合は、例えば、尿の回数が非常に多い場合とか、おしっこをするときに非常に痛いとか、泡がたつとか、そういう場合にどういう症状かということは、皆さんわかりますか？　特に尿の場合は、色が問題になります。

例えば尿の回数が非常に多いという場合は、これは腎臓の病気とか尿道の病気が考えられて、尿道炎などのようにそこに何か炎症が起こると非常に尿が多くなります。一方、おしっこをするときに痛いという場合は、結石があったりする場合が非常に多い。もちろん性病の場合もありますけれども、一般的には石がたまっている場合に痛くなります。

では、尿に泡が出る場合はというと、泡というのはタンパク質が原因です。タンパク質が入っていれば入っているほど泡がたくさん出ます。だから、自分でトイレにいけばわかるけども、朝起きてからの尿が一番たくさん泡が出ますね。それは、夜の間にタンパク質がたくさん尿に出てきて、それが泡になっているわけです。でも、おしっこが異様に泡立つと、タンパク尿だというふうに言われます。だから、腎臓に何か異常があるんではないかというふうに言われるわけです。

おしっこの色は薄い黄色が正常です。薄い黄色で透明のやつが一番体に都合がよくて、おしっこが濁っているという場合は、やはり何か炎症が起こっている場合があるわけです。というように、尿を使っても体調がわかるということを、皆さん覚えておいていただけるとありがたいと思います。便については次のコラムでお話しすることにします。

また、自分の健康のことなので、これもちょっと覚えといてほしいことです。さっき言った心筋梗塞とは少し違って、狭心症《きょうしんしょう》と呼ばれている病気があります。例えば電車に乗ろうとして階段を駆け上がって行ったら、なんとなく心臓がどきどきして胸がちくちくするなんて経験があると思いますが、そのちくちくする場所が肋骨《ろっこつ》辺りだった場合、それは肋間神経痛です。全然問題ありません。さっき言ったように心臓というのは真ん中にありますから、真ん中のところがちくちく痛いと、それはやはり心臓が原因なんですけれども、狭心症では三〜十分ですぐよくなります。ところが、心筋梗塞は全く違っていて、熱い火箸《ひばし》で心臓を突き抜くようなものすごい痛みが三十分以上続きます。そうすると、もうどれだけ早く病院に行くかが、助かるかどうかの境目になっていて、心筋梗塞だと二〇％ぐらいがすぐに亡くなってしまいます。だから、すごい痛みがあった場合は、すぐに病院に連れて行くということが非常に大事です。また、一旦《いったん》治っても、やっぱり心臓に問題があるということで、よく注意しないといけないわけです。これらは前触れの症状があって、さっきも言ったようにみぞおちの痛みです。その辺がいつも痛いという人は、やはり注意しないといけないですね。

今回の授業では主に体の話をしていますけれども、やっぱり命にかかわるこういう体のことというのは、ぜひ覚えておいてくれると助かります。これは、いつかちゃんと話さなきゃと思っていました。では、次に性差の話に入ります。

男の脳と女の脳

ここから面白い話になりますよ。男と女で何が違うかって話に今からいきます。一般的に、臓器の重さの男女比は大体十対九で女性の方が軽いんです。平均すると八八%ぐらいです。体重もそう、身長もそう、十対九です。そうすると、脳みそも十対九か、なんていうと女性から文句が出るわけです。面白いことがわかってきたんです。これは、最近の「ネイチャー」っていう研究雑誌に載ってた話なんですが、男性と女性の脳みその神経の数を数えた研究があるんです。どっちが多いと思う？　もちろん男性の方がちょっと大きいんですが、神経の数は十対九ではなくて、ほとんど同じなんです。となると何がわかる？　神経の数は同じだけど大きさは九割なんだよ。女性の方が密度が高い？　バツ。違うんです。答えは女性の脳の方がしわが多いっていう結論が出てきたんです。これははっきり結果が出ています。つまり、女性の脳は大きさが小さいのを代償するために、しわが多いっていうのがＭＲＩの結果ではっきりと出ています。だから、女性は卑下することはないですね。お前の脳みそは俺の九割じゃないかと男の人が言ったら、しわは私の方が多いんですよって反論できるわけです。

覚えておいてください。

研究はここからが面白いところで、脳の性差というのはどこに出てくるんだろうかっていうのは非常に大問題になっていて、いろんなテストが行われました。そうしますと、一般的には、男性が得意な科目というのは、空間認知機能である。女性はというと、言語機能が非常に得意である。これはいろんなテストで証明されているんですが、一番はっきりしていることは、まず言葉を覚えるのは女の子が早い。もうこれは歴然としています。お子さんをおもちの方はわかると思いますが、女の子の方がしゃべり始めるのが早いですね。そのときは、だいたい言葉を真似《まね》するっていう場合が多い。

ところが、地図を手渡してどこどこへ行ってきなさいというのは、やっぱり男性が得意です。この空間認知機能というのは地図を読むだけではなくて、例えば、将棋とか鉄道とかもそうです。時刻表なんか見て何が面白いんだろうって、女性は普通言うんですけれども、好きな人は、あの時刻表をじっと見ているだけで嬉《うれ》しくなってしまいます。何かを集めるというのも男性が非常に多い。また、特に絵画。最近女性も増えてきたんですが、絵を描くということも空間認知機能と言われています。もう一つは的当て。ビー玉を的に当てるというのは男性が非常に得意な分野というふうに現在まで考えられています。こういうものがどうも男性が得意である。なぜでしょう。これをはっきりさせるために、例えば将棋をやっていたり、的当てをやっているときに、脳がどう働いているかをＭＲＩで見た研究があるんです。そうすると、男と女の働き具合はほとんど同じなんです。つまり、空間認知機能が高いと言われていながら証拠がないんです。脳がどう違うかって証拠が今まで得られていない。そこが大問題です。

女性もそうなんです。言語機能が高いってことはわかっている。でも脳には違いがない。この言語については、東大の酒井邦嘉《くによし》先生が世界のトップランナーで、言語と脳の研究をやっています。僕はよく酒井先生に、男と女で言語野の大きさ違いますかって聞くんだけど、同じっていう答えがいつも返ってくるんです。つまり、言語機能についても、脳を見る限り差がない。

じゃあ、何で世間は差があるって言っているんだろう。本当に差がないのか？ 本当は差があるのか？ そこが今大きな問題になっているわけです。一般的に言われていることと、本当に脳に性差があるのかということに関しては、かなり疑問を持たれているというのが現状です。

脳の分け方と地図

　脳については、もうちょっとだけ大事なことがあるので、それをお話ししてから、ちょっとテストをしてみますね。本当に空間認知機能に違いがあるのか、ということを試してみます。本当は迷路でどっちが速いかっていうのを確かめてみると面白いんですよ。私がやっている限り、やっぱり男の子の方がちょっと速いかなっていうのがあるんです。なかには、迷路を見ただけでやる気がしない人もいるんですよ。迷路を見ると嫌な顔をする人がいて、五分とか十分ぐらいするともう我慢できない。こういうテストは全員がちゃんとやってくれないと面白くないんですけどね。で、私はちょっと差があるんじゃないかと思うんですよね。

　まずは、図3にある脳の絵を見てください。今回のお話は、この脳の絵を少し見ながらお話をします。図は大脳を開けて、左を見ている人の脳の絵です。脳は、側頭

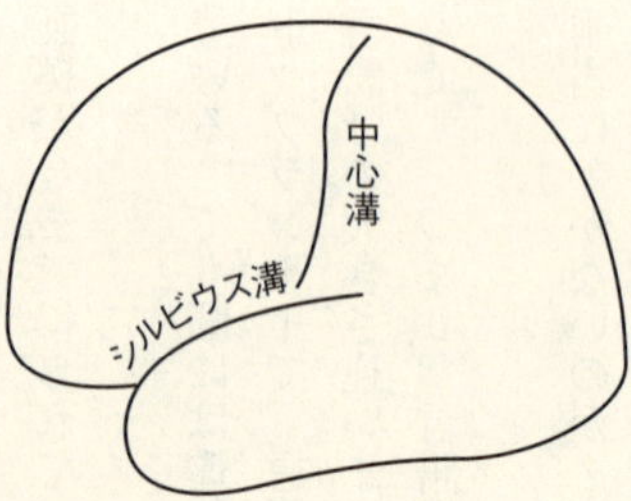

図３　大脳（左向き）

葉のところがポコっと盛り上がっていて、それに沿って太い線が見えます。名前は覚えなくていいんですが、この線をシルビウス溝って言います。また、真ん中を縦に中心溝っていう線が見えます。脳には大きくこの二つの線が見えて、その間にいろんなしわがあります。

ちょっと基本的なことを聞くぞ。前頭葉ってよく言うけど、前頭葉ってどこだ？　脳は前頭葉、頭頂葉、側頭葉と後頭葉って四つに分かれます。図を見ると三個ぐらいにしか分かれていないね。前頭葉って前の方だよね。じゃあ、どこら辺まで前頭葉なんだ。また、頭頂葉って名前は頭のてっぺんという意味だよね。とすると、頭のてっぺんってどこかな。頭頂葉は、中心溝より左側か、右側か、両方合わさったところか。

いいですか。前頭葉というのは、シルビウス溝と

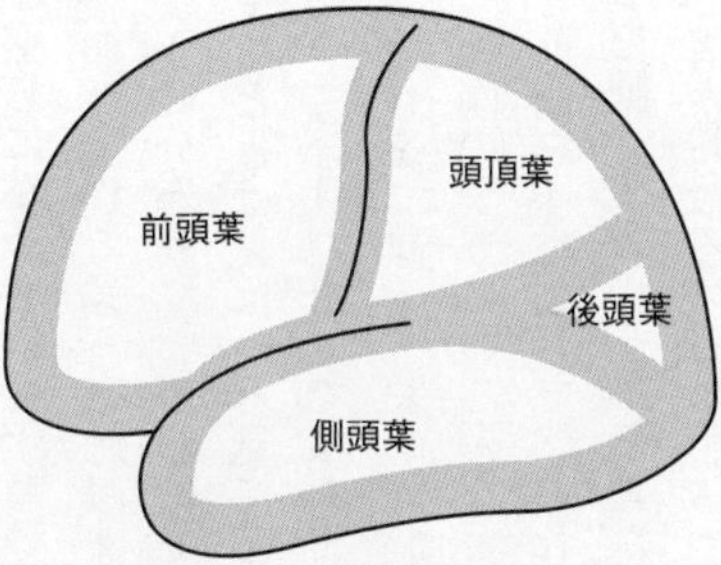

図４　脳の分け方

中心溝に囲まれた部分を前頭葉と言います。前頭葉って結構上の方まできてるんですね。次に側頭葉は名前のとおり側面ですから、シルビウス溝の下側の場所を側頭葉と言います。もちろん左側、右側の両方にあります。じゃあ、頭頂葉はどこかというと、中心溝から後ろの方ですね。図4（223頁《ページ》）のような感じになっています。で、後頭葉が一番小さい残りの部分ですね。脳の後ろの方を後頭葉というふうに呼びます。いいですね。二つの大きな線を基準にして、脳はこのように分かれているわけです。

そこで、男と女にどう差があるかという脳の研究をやるときは、ぱっと見てどこが違うかということをやらなきゃいけません。で、脳を四つに分けただけではあまりにひどいというので、脳全体の地図を作った人がいます。それをブロードマンの脳地図と言います。ブロードマンは、脳のしわと溝を使って、地図のようにいろんなところに番号をつけたんです。例えば、中心溝よりもちょっと前側を4番として、これを運動野と名づけました（図5）。この4番のところは、手を動かすとか、足を動かすとか、運動をさせることに効いている場所です。この中心溝から後ろの方はちょっと人によって分け方が違うんですけれども、地図には1番の部分、2番の部分、3番の部分というのがあって、これらは体性感覚野と呼ばれます。誰かが手を触っているとか、足を触っているということがわかるのは、脳のこの部分が規定しているわけです（図

5)。

細かいことはどうでもいいんですけど、大事なところが二、三あって、覚えておいてください。まず、前頭葉には8、9、10、11という番号の付いた部分があります。また、この前頭葉の横辺り、この辺に特徴的な部分があって、44、45と呼ばれてる部分があります。この部分が非常に面白い機能を司《つかさど》っているということがだんだんわかってきました。そのほかに、シルビウス溝の付根辺りに40っていう場所、その横辺りに39という場所。シルビウス溝の内側に22番という場所。そして、頭の後ろの方に17、18、19という場所がある。これくらいで充分です。人間の非常に大切な機能が、ブロードマンの脳地図では、こういう地図の番号で表されていることを知っておいてください。

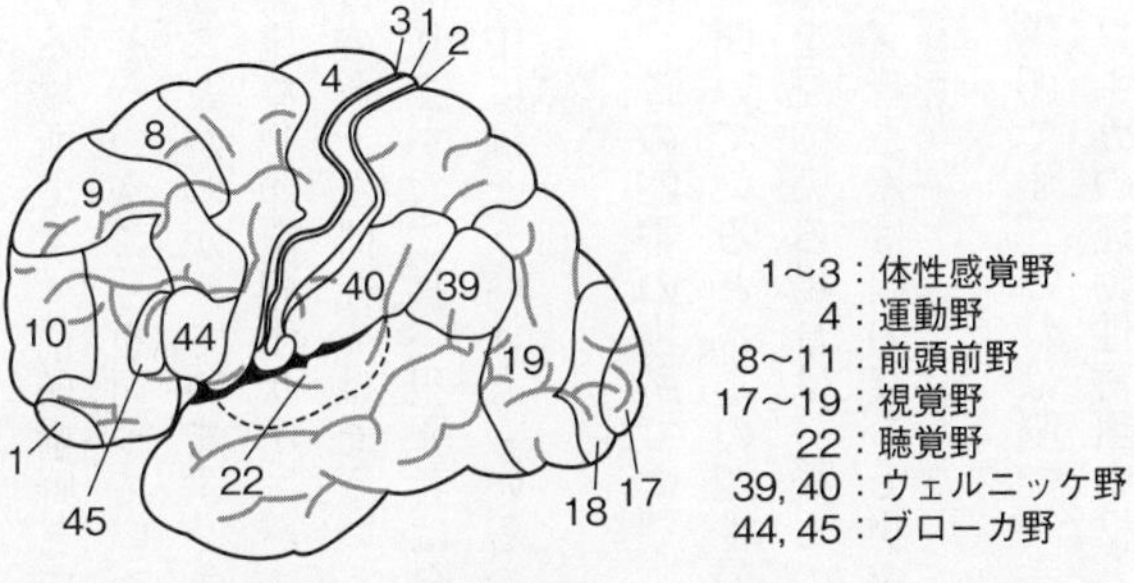

図5　ブロードマンの脳地図

それぞれの場所の役割

さて、8〜11番のあるところは前頭前野と呼ばれている場所です。前頭前野という場所は、人間にとって非常に大切な理性とか決断とか、そういうことを司っている部分で、統合失調症の人はこの辺りが萎縮《いしゅく》しているということがわかっています。また、人を刺し殺しても平然としているような、非常に冷酷無比な犯罪を犯すサイコパスと呼ばれている人がいます。全員ではありませんが、最近の色々な研究ではそういうサイコパスの人でもこの辺に萎縮がある、という報告があります。これ、犯罪者は全員前頭前野に萎縮があったら、それは大問題になります。中にはそういう人もいるっていうことが報告されています。

また、22番を聴覚野といいます。音を聞いているのは、この22番の場所です。これはMRIを使うとはっきり見えます。目をつむって音を聞いていると、この22番のところがピカピカ光ります。一方、シーンとした所でものを見ている場合は、後ろの17〜19が光ります。この場所を視覚野と言います。つまり、皆さんは頭の後ろで物を見ている、ということがわかります。

ここまではいいんだけども、大事なところは44と45の場所です。これは脳で一番大切な部分の一つで、ブローカという人が見つけたのでブローカの運動性言語中枢《ちゅうすう》と言

いかます。ブローカはお医者さんだったんですが、ブローカの患者さんで言葉が上手《うま》く

コラム　便で見分ける体の調子

便でも皆さんの体調を知ることができます。例えば便が軟らかいとか、便が非常に硬い、これは便秘と言いますが、そういう場合はどうでしょう。以前も話しましたが、便が非常に軟らかくて形にならなく、何か非常に酸《す》っぱそうなネトネトした便が出てくるという場合は、それは脂肪分が多い証拠です。脂《あぶら》っこいものをたくさん食べて、リパーゼという酵素で脂肪が消化されない場合は、ネトネトした便が出てきます。

また、便秘になりやすい人はご存知のように女性に多いんですけれども、これは一般的に女性ホルモンが非常にかかわっています。だから、性周期のある特定の時とか、更年期の女性とか、そういう人は非常に便秘になりやすい、というふうに言われています。こういうすぐ目に見えるもので体調を測定するということは、非常に大事なことですので、少し覚えておいてくれると助かります。

しゃべれない方がいました。脳卒中になってしまって、しゃべろうとすると、タンタンという言葉しか出ない。だから、その人はタンというふうに呼ばれていました。でも、その患者さんは、相手が何か説明をすると、それはみんなわかる。だけどしゃべれない。そういう患者さんがいたわけです。その患者さんが亡《な》くなった後に脳を解剖したところ、この44と45のところで脳卒中の跡が見られたんです。そのことから、この44と45のところが、ものをしゃべるのに必要な場所である、ということをブローカが初めて見つけました。

脳の左側にしかない部分

この44と45をブローカ野と言いますが、実は左にしかないことがわかっています。ほかの部分は、みんな左右対称にあるんだけれども、一般的にブローカ野は、右利《き》きの人も左利きの人も左側にあるというふうに言われています。たまに左利きの人は両方にあるんですけれども、普通は左側だけにある。つまり、右と左の差がはっきりわかっているのはここだけであって、左の方がしわも多いので優位脳と呼ばれ、右の方が劣位脳と呼ばれています。左の方が優位なんですね。人間の脳は左の方が大事だっていうことがこれからわかります。特に、人間が人間であるために一番大事な、言語というものを司っているところはこの44と45である。東大の酒井邦嘉先生はここから一つ先へいって、「誰が・何を・どうする」っていう、文法を規定している部分はこの上にある、ということを見つけたんです。それはすごくいい研究ですね。つまり、言葉を司るところは44と45なんだけども、言葉の使い方、つまり文法を司るところっていうのは、そのすぐ上の部分であるということが最近わかってきました。

その後、この44、45を研究している途中に、面白いことが見つかってきました。40の場所を欠損している患者さんが見つかったんです。この40が欠損している患者さんというのは、失語症の患者さんでした。この失語症の患者さんは、例えば「これはチョークです」って言っても、チョークが何であるかがわからないんです。言葉は普通にしゃべる。「今日はいい天気ですね」とか。でも、雨が降っていても、今日はいい天気ですねって言うんです。要するに脈絡のないことをしゃべる。そういう失語症を聴覚性失語と言うんですが、音を聞いてもその意味がわからない患者さんがいるということで、これも、その人が亡くなった後で調べてみたら40のところに問題があった。

一方、39のところは、今度は視覚性失語といって、例えば、黒板に「チョーク」と書いたのを見たら、普通の人であればそれはチョークだってわかるけど、書いたのを見ても何のことかわからない。つまり、文字を見てもわからないっていうのを視覚性失語というふうに言います。39と40は、ウェルニッケという人が見つけたので、その名前をとって、ウェルニッケ野というふうに呼ばれます。これも実は左側にしかないんです。左がおかしくなると失語症になるけど、右がおかしくなっても失語症にはならないということがわかっています。いいですか。ブローカ野もウェルニッケ野も左にしかありません。つまり、脳の左側の39、40、44、45という場所が、どうも言語に非常に効いているのではないかってことがわかったわけです。

この研究から何がわかったかというと、実は、人間の脳には機能分担があるということがわかった初めての結果なんです。つまり、人間の脳はあちこちが勝手なことをやっているわけではなくて、ある特定の場所で特定の機能を司っているっていうことがわかったわけです。そうすると、よく考えてごらん。女の子の方が言葉を覚えるのが早いわけです。とすると、この言語野の発育は女性の方が早いということになりませんか？　ならば、話が全部うまくいくわけですよ。つまり、この言語野と、女の子が言葉を覚えやすいってことの関係がわかれば、この一番最初の説が証明できるわけです。それでどうなっているかというと、現在、まだその差が出てこないって段階なんです。だから、仮説はあるけども、まだ証明はできていないっていうのが現在の段階です。このブローカ野とウェルニッケ野、この二つの場所はしっかり覚えておいてくれるといいですね。

言語機能と空間認知機能を調べるテスト

さあ、テストするぞ。図６に四文字からなる五つの単語があります。最初がすべて「か」で、最後がそれぞれ「か」「き」「く」「け」「こ」です。間の二文字は空欄です。その空欄にひらがなを入れて五個の単語を作れ、という問題です。いろんなひらがなを入れればいいので、できますよね。これは言語機能を確かめる日本語のテストです。こういうテストを何度もやるわけですよ。そうすると、本当に言語機能が男性と女性でどっちが発達しているか、ある程度ＩＱが同じくらいの人を集めてテストをすると大体わかります。

でも、私が実際東大の授業でやってみたところ、男性、女性、あんまり差がなかった。全然理論が証

問1　空欄にひらがなを入れて
五つの単語を作れ

か＿＿か
か＿＿き
か＿＿く
か＿＿け
か＿＿こ

問2　一本線を引いて
面積を半分に分けろ

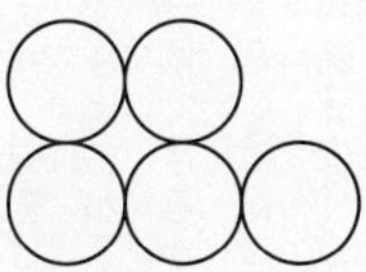

図６　言語と空間認知の能力テスト

明できませんでした。あえなく仮説は棄却されたわけなんです。もっと出来不出来が激しいかなと思ったんですけども……。

答えとして例を言うと、一番上は「化学科」とかがありますね。二番目は「かばやき」とか。三番目は難しいね。「過不足」とかがあります。次は「株分け」とか、そして最後は「亀《かめ》の子」とか、何かいろんなものが出てきます。暇だったら辞書を見てください。

じゃあ、次のテスト。十円玉を使って、ノートに同じ大きさの円を図6（231頁）のように五個書いてみてください。今度は空間認知機能のテストです。本当は迷路をやった方がいいかもしれないんですが、今回は次のような問題です。どこでもいいから線を引いて、線の右側にある円の面積を足したものと、線の左側にある円の面積を足したものが同じになるようにしなさいっていう問題です。つまり、線をピュッと引いて、五個ある円の総面積を半分に分けなさいって問題です。できますか？　まさか答えが一個なんてないよね。四個ぐらい書けたらすばらしい。一個できるかどうかが非常に大きな問題なんだけど、一つできたら、あと一つか二つくらいはぱっぱっとできるでしょう。これも実際に授業でやってみたのですが、理論はあえなく棄却されましたね。男性の方が空間図形については上手である、と言われていますがむしろちょっと女性の方が多かった。

これはよくあるテストで、図7のように四つの円の中心ともう一つの円の中心を結べば右と左で面積等しいですね。なぜかというと、この中心を結んだ線というのは、この四つに限り必ず半々になるよね。もう一方の円についても中心だから半々だよね。これが一つ。これがわかれば、他も簡単に線が引けますね。例えば、アとオの間に線を引くと考えると、イ、ウ、エの三つの円を半分にする線を引けばいいよね。どこに引けばいいの？　一番簡単なのは、ウの中心とイ、エの接点を結べばいいよね。そうすると、ウを半分にしていて、かつイ、エも半分にしています。というようなことを何回かやれば、いくつか線が出てきますね。これは、できるかできないかだけの問題ですけれども、一般的にこういう思考は男性が得意だっていうふうに言われています。でも授業でやったら、男女の性差はないっていう結論になっちゃいました。どうもいかんな。

そんな話は色々あって、じゃあ、図8（次頁）のように「日」

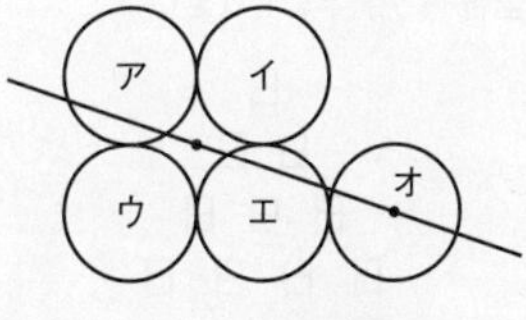

図7　問2の解答例

っていう字を十個書いてほしいんですわ。これはタイムトライアルです。一分ぐらいのタイムトライアルですよ。何をやるかというと、十個の「日」に一本ずつ棒を加えて、全部違う漢字にしなさいっていう問題です。「田」とか色々あるよね。

どれくらいできるかな。棒一本なんだから、縦と横に決まってるじゃん。そしたら順番に縦と横に線を引けば、もうわかるよね。十個できた人います？　「由」、「甲」、「申」、「白」、「目」、「旧」、「旦」、と辞書には八個しかありません。正解は、二つ合わせて「門」となるのが正解。ちょっとウケた？　ちょっとくだらない話で申しわけなかったんですが、でも、これも授業で知らずにやって、男女差が出るかなと思ったんだけど、差が出なかった。そういう意味で、男女差っていうのは、やっぱりあまりないっていうのが結論かもしれないね。なかなかオチのある話は少なくて、難しいんですよ。

それぞれの「日」に一本ずつ棒を加えて
全部違う漢字にしなさい

日
日 日
日 日 日
日 日 日 日

図8　言語能力テスト - 2

男の言語能力が遅れることの仮説

　脳の性差っていうのは無さそうである、ということが現在色々出てきたんですけれども、これだけちょっと覚えていてください。一九八二年、ゲシュビントという人が面白い説を出しました。男の人の言語能力が遅れる理由は、男の胎児の脳で一過性にジヒドロテストステロンという男性ホルモンが上昇し、それが言語野の発育を遅らせる、という説です。ゲシュビントの言うとおり、一過性に男性ホルモンが上昇する、というのは事実なんです。アンドロゲンシャワーと言います。お腹《なか》の中にいる男の赤ちゃんの脳で、男性ホルモンがサッと高くなる時期が実は二回あるんですが、女性ではそういうことがありません。そして彼は、男の人の脳が男性ホルモンの洗礼を受けると、脳の左側の発育がおかしくなるせいであるという理論を立てたんです。これはまだ理論です。正確には実証はされていません。

　この理論から何が出てきたかというと、右脳、左脳ブームというのが生まれてきました。つまり、右の脳は空間認知機能で、音楽を聴くのに何とかで、左の脳は言葉をしゃべるのに大事だとか、理性的な脳は左側であるとかです。あれはみんな、勝手にこじつけた話で嘘《うそ》です。正しいのは、言語野が左にあるってことだけです。このゲシュビントは、事実からこういう仮説を立てたわけです。ところが、この仮説が証明で

コラム　昔より減ってる二酸化炭素

地球が温暖化しているかどうかについては、もうこれ事実なんですが、ずっと大きな目で見ると非常に面白いことがわかってきました。なぜ温暖化に今なっているかというと、二酸化炭素濃度が上がっているからです。では、二酸化炭素があると、なぜ地球上の温度が高くなるのか、知っていますか？　太陽光のなかの赤外線は地上で反射されて戻っていくわけですけれども、そこに二酸化炭素があると赤外線を吸収するんです。太陽から来たエネルギー（赤外線）が吸収・再放出されるからだんだん暖まってくる、というのが地球温暖化のメカニズムです。

ところで、今地球上で二酸化炭素の濃度が高くなっているのは確かなんですが、昔に比べて本当に高くなっているかっていうと、「いや、そうじゃない」って結果が出ているんです。

恐竜が生きてきた中生代、二酸化炭素濃度は〇・二％だったんです。これは地球上の二酸化炭素濃度です。では、今はというと、だいたい〇・〇四％なんですね。だから、中生代に比べて、二酸化炭素濃度は明らかに減っているわけです。今、二酸化炭素が増えていると言っても、そんな大した増え方ではなくて、十八世紀の産業革命の時代では、二酸化炭素濃度は〇・〇二八%でした。次に一九五八年に測定したところ〇・〇四%に増えていて、一九九〇年には〇・〇三六%になり、現在では〇・〇三八%近くになっています。

つまり、地上の二酸化炭素濃度っていうのは、産業革命のときからじわじわと増えてきてはいる。でも、中生代の〇・二%という量にはとっても及ばないくらい微量な増え方なわけですね。この増加の原因というのは、産業革命以来、石油、石炭が地球上に現れて、それらを燃やしたためですね。これで地球が温暖化するなんて騒いでいると、じゃあ中生代の恐竜が生きていたときはどうなんだってことになっちゃうわけですね。だから、二酸化炭素によって地球が暖まっているって話は今の話であって、昔も含めて考えると当てはまらない話であるってことをよく知っておいてください。

きたかというと、現在はまだ証明されていないんです。さっき言ったように、言語野の機能が男性と女性では、少なくとも大人になった時点ではあまり変わらないので、これが本当に正しいかどうかについてはまだわからないところです。だけど、男女差はある。もしあれば言語野にしかないはずで、一生懸命研究が行われているわけですけれども、やはり証拠が非常に少ないんです。そこが、今大きな問題になっています。本当に性差があるんだろうかというわけです。

男の脳と女の脳の唯一《ゆいいつ》の違い

外からＭＲＩで見たんではわからない。つまり、機能ではわからない。もうしょうがないから、最終的に、結論は解剖学に持ち越されました。死んだ人の脳を解剖して、男性と女性で差がある場所はないかということを調べ始めたわけです。そうしますと、一つの場所で、差があるってことがわかりました。前視床下部という場所です。前視床下部という場所の間質核（ＩＮＡＨ３）という場所がどうも違うらしいと。核というのは神経細胞のことです。ここにある神経細胞の数が、男性の方が女性よりも多いということが、解剖で証明されました。これが、今、唯一顕微鏡レベルでの差です。ある特定の場所での神経細胞の数が、あるところでは男性が非常に多い。しかも面白いことは、ホモセクシュアルの男性では、それが女性と同じになっている。

この結果がアメリカの「サイエンス」っていう雑誌に発表されたときは、初めて男女差がわかったと、非常に大きな問題が解けたと、男と女の差はここなんだというふうになったわけです。ところが、またどんでん返しがありました。後でわかったんですが、実は、女性と同じという発表が行われたホモセクシュアルの男性というのは、すべてエイズの患者だったんですよ。つまり、エイズで亡《な》くなった若いホモセクシュアルの男性が、女性と同じということが後でわかったんですね。だから、HIV患者さんでない普通のホモセクシュアルの男の人で少ないかどうかについては、まだはっきりしないということが後日明らかになりました。つまり、本当に男と女の差があるかどうかについては、一旦《いったん》はあったという結果が出たんですけれども、その後が証明されていないっていうのが現状になります。

ホモセクシュアルは病気か

そこで、今回最後のお話になります。ホモセクシュアルの話になったので言っておきますが、一般的にホモセクシュアルの男の人というのは、小さいときにおままごとをするような人が多いということが前から言われています。ちゃんばらするような男の子はあまりホモセクシュアルにならない。また、非常に自尊心の強い人が多い。これは一般的に、ですよ。そういうことが言われています。で、ホモセクシュアルは病気かどうかって議論が前からあるんです。また、性同一性障害ってありますね。身体《からだ》は男性なんだけども、心は女性で、私は女ですっていう方がいる。そういう人は病気なのか。つまり脳の病気でそうなったのか、いや、そうではなくて、そういう人がいてもおかしくないのか、という議論が前々からありました。これは、結論が出たんです。

これは病気だと思う人います？　そうじゃなくて、学習によって生じたものであって、こういうのはありうる話だと思う人は？　そうなんですね。ありうる話だっていう結論になったんです。

その理由は、と言われたら、これ病気の定義になるんですけれども、病気って何かというと、検証可能な病理像がないといけないんです。ある病気だったら、必ず脳のこの場所にこういう症状が出るっていう検証可能なものがなきゃいけないわけです。ところが、この検証可能な病理像は、性同一性障害の人とかホモセクシュアルの人にはない。それはわかりますね。もう一つは、病気というのは原因が特定できないといけないわけです。例えば、風邪をひいたらウイルスがいる。また、エイズに感染するってことはHIVウイルスがいるとか。病因が特定できないといけない。これが病気の定義です。じゃあ、ホモセクシュアルな人の原因は何かと言われたら、それに相当するような病理像も何もないわけです。つまり、病気という定義には明らかに当てはまらないということで、このホモセクシュアルが病気かっていう議論は、現在ではノーっていうことになっています。何かわからないけど、そういうことがあってもおかしくない、ということです。だから、一般的に性同一性障害の人とか、ホモセクシュアルとかレズビアンの人は、何も問題なく社会に受け入れるように最近はなってきたわけです。要するに、病気かどうかの判定の仕方として、定義はこういうもんだということをちょっと知っておいてくれるといいですね。

Q&A　質問タイム

学生A　しわが多いと頭がいいと聞いたことがありますが、本当ですか?

石　浦　一般的にはウソですが(というか、誰も調べていません)、滑脳症という病気では知能低下が起こります。

＊

学生B　ブロードマンはどうやって脳地図を作ったんですか？
石　浦　しわの谷と山で区別して、区域分けをしました。

第7講義

第7講義　生物が初めて見た色

哲学の問題を遺伝子が初めて解いた話や、色の使い方についてどう教えようか考えました。不等交叉《こうさ》の話から始めると少しわかり易《やす》いのではないかと思いましたが、意外に難しい内容なので九十分にまとめるのに苦労しました。

今回のお話は、遺伝子とバリアフリーの話をしたいと思います。このお話は意外と知らない人が多くて、私たちの遺伝子の研究からこういうことまでわかるんだなということを、今回は皆さんに勉強していただきたいと思っています。

遺伝子の増え方

今まで、私たち人間の遺伝子は非常に多様で、遺伝子を調べるといろんなことがわかるというお話をしたと思います。その中で、われわれ高等動物の遺伝子では、遺伝子に重複があるというのは非常に大きな特徴なんです。生物がどういうふうに進化してきたかというと、最初非常に単純な動物がいて、単純な遺伝子があったときに、その遺伝子が二倍、四倍と増えて同じものがたくさんできて、それらがそれぞれ違う方に分化して複雑化したのではないかというのが今までの考え方です。この重複遺伝子による多様化っていう考え方は、今までいろんなところで言われています。

一番代表的な例が、Ｈｏｘ遺伝子という遺伝子群です。私たちの体は前と後ろがあります。この前後軸を作る遺伝子をＨｏｘ遺伝子といって、これは生物の形を作る遺伝子と言われています。このＨｏｘ遺伝子に異常があると、ちょっと頭が欠けた生物ができたり、しっぽが欠けた生物ができてしまうんです。

人の遺伝子にはＨｏｘ遺伝子群というのが四つあって、ＨｏｘＡ、Ｂ、Ｃ、Ｄという群があることがわかっています。ＨｏｘＡ群には十一個の遺伝子がある。一つのところによく似た遺伝子が十一個並んでいるわけです。同じようにＢ群には九個、Ｃ群には九個、Ｄ群にも九個の遺伝子が並んでいることが現在わかっています。

ところで、動物というのは、単細胞生物から進化の過程で二つに分かれてきています。片方は昆虫類の方向に行く枝です。昆虫類とかクモとかカニとか、そういうものです。私たち脊椎《せきつい》動物というのはもう片方の枝の一番上に位置しているわけですけれども、この脊椎動物の一つ下に原索動物というのがあって、この原索動物の中にナメクジウオという生物がいます。このナメクジウオは、Ｈｏｘ遺伝子は一つの群しかもっていないんです。つまり、Ａ、Ｂ、Ｃ、Ｄと人間は四つもっているけど、もう一つ下等な生物ではそれを一群しかもっていないんです。ということは、原索動物から脊椎動物、つまり魚に進化する途中に遺伝子重複が二回起こったということですね。一つの群だった遺伝子が重複して二個になり、その二個がまた重複して四個になって、われわれ高等動物ができてきたというふうに考えられています。このように、生物が進化していく途中で遺伝子の重複が起こっているというのはよく出てくるお話で、これはいろんなところで例があり、なるほど、こうやって生物は複雑化してきたんだなということがわかるわけです。

重複遺伝子の数が変わる

複雑化してくると、もっと大変なことが起こってきます。皆さん、私たち人間にはいろんな遺伝子があって、隣の人を見ても顔も違うし性格も違います。これが遺伝子重複が起こるということで説明できないかという考え方があります。

これがバリアフリーとどうつながるか後でわかりますが、二番目は不等交叉の話をいたします。不等交叉によって遺伝子の多様化というのが起こってきます。これはどういうことかというと、私たちの染色体は一本の長い紐《ひも》みたいになっていて、紐のあるところにはある遺伝子があって、その次に別の遺伝子があるというふうに、紐の中に遺伝子が並んでいるわけです。これはいいですね。

ところで、染色体を実際顕微鏡で見ると真ん中がつながって**図1真ん中**のように見えることがあります。これは染色体が複製したときに顕微鏡で見えるんです。だから、真ん中でつながった二本は全く同じはずです。これを模式的に書きますと、**図1右**になります。このような模式図は、いろんな本によく書いてありますが、これは二つの同じ染色体が真ん中でくっついてるんですよ、という意味です。ここからはこの書き方で説明することにします。

で、染色体上に、ある遺伝子があったとします。その遺伝子が重複して全く同じ遺伝子が二つできたと考えてください。つまり、**図2**（次頁《ページ》）のように、ある一つの遺伝子が二個に増えて、重複遺伝子ができたという場合です。この重複遺伝子を含んだ染色体は、同じもの二本がただ真ん中でくっついているだけですか

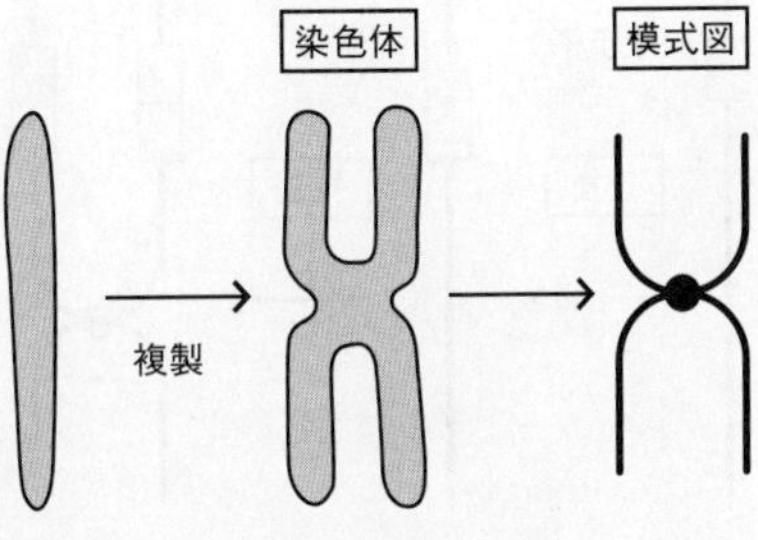

図1　染色体

ら、これから、例えば精子を作ったり卵子を作ったりするときは半分に分かれていくわけです。要するに、左側と右側がそれぞれ精子とか卵子に入っていきますから、理論的には同じものが入っていくはずです。

ところが、二本がたまたま図3の左のようにずれることがあるんです。全く同じものが真横になるように普通は並ぶんだけども、ずれることがあるんです。すると、ずれたときに変なことが起こります。図3の点線の部分に切れ目が入って、右と左が入れ替わることがあるんです。これを不等交叉といいます。

今、何のお話をしているかというと、例えば、男の人が精子を作るときは同じ精子がいくつもできるはずなのに、不等交叉をすると違う精子ができるという話をしているんです。切れて入れ替わるとどう

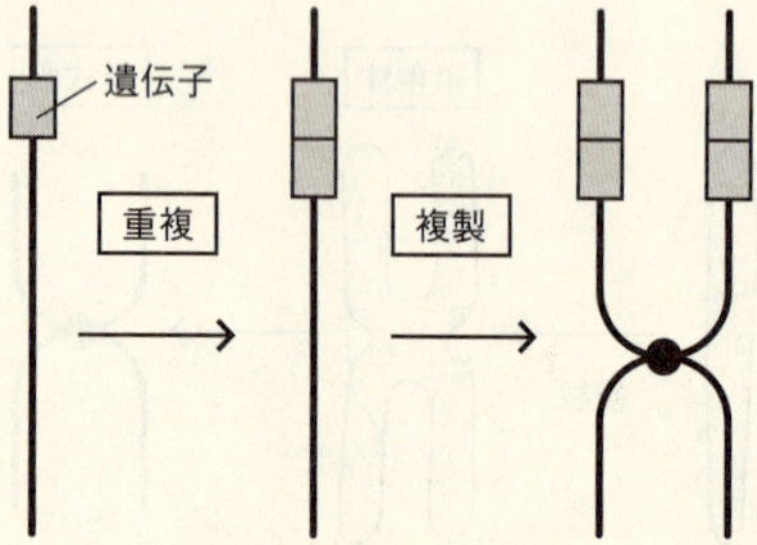

図2　重複

なるかというと、右側の重複遺伝子が一つ左にきますね、そうすると、左側は同じ重複遺伝子が三つになって、何もないやつが右にいきますから、右側には重複遺伝子が一つしかないような形になるわけです。つまり、不等交叉を起こすと、君たちが精子とか卵子を作るときに、異なる精子や卵子ができる可能性があるということです。例えば、減数分裂をして生殖細胞、つまり精子とか卵子を作るときに、片一方の精子には重複遺伝子が三つあるものが入り、もう一方の精子には一つしかないものが入っていくというふうになります。真ん中でくっついていた二本の染色体は半分に分かれて精子に入っていくわけですから、精子の中には違うものが入っていく可能性があるわけです。つまり、重複した遺伝子の場合は、不等交叉が起こると、自分の次の世代に伝わるときには違うように伝わる可能性があるわけです。

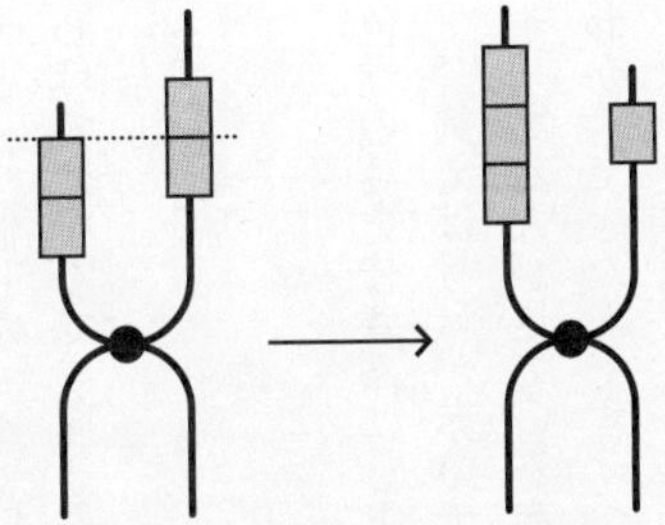

図3　不等交叉

これを頭に入れておいていただいて今回のお話が始まります。
いいですか、人間の遺伝子の中には重複した部分がいくつもあるんです。その重複した部分が今みたいに違うように伝わると、同じ兄弟でも違った性質をもった兄弟ができるわけです。例えば、ある遺伝子を三つもっている人と、一個しかもっていない人ができるわけ。だから、子どもには同じものが伝わるわけではなくて、違うものが伝わる可能性があるわけです。

どうやって色を見分けているのか

というわけで、今回のバリアフリーのお話では、実は色覚の話を皆さんにしようと思います。色の見え方が人によって違うっていうお話です。例えば、私が赤いチョークを持っているのを皆さんが見ているとします。ところが、ある人が見ている赤色と、他の人が見ている赤色は、実は違うものだということがわかってきたんです。つまり、人の認識というのは、その人の遺伝子によって違う。これ哲学の問題だね。皆さんが私の顔を同じように見ているかというと、ある人はかわいいなと思って見ているし、ある人ははげているなと思って見ているわけです。見方が違う。それは当然だけれども、この色一つにしても、ある人がもっている遺伝子と別の人がもっている遺伝子の違いによっては、違う色が皆さんに見えているんですよってお話を今回はしたいと思います。これがバリアフリーのお話につながっていきます。

皆さんの目の中には、色を感じるタンパク質があります。また、光を感じるタンパク質もあります。だから皆さんは目が見えているわけです。実際は四種類タンパク質があります。そのなかのロドプシンというタンパク質は網膜の中にあって、光を感じています。このロドプシンによって、光があるかないかというのを皆さんは感じているわけです。じゃあ、色は何が感じているかというと、青オプシン、緑オプシン、赤オプシンという三種類のタンパク質が色を感知しているんです。どんな青オプシン、緑オプシン、赤オプシンの遺伝子をもっているかによって、皆さんがどのように見えているかが変わってくる、ということがわかってきました。

生物が最初に見た色

皆さんの遺伝子の中にはこの四種類の遺伝子があるんですけれども、タンパク質を見ますと、ロドプシンというのは三四八個のアミノ酸からできています。アミノ酸がつながってタンパク質になるんでしたね。青オプシンも三四八個、緑オプシンは三六四個、赤オプシンも三六四個のアミノ酸からできています。アミノ酸の数からもわかるようにロドプシンと青オプシンの二つはよく似ています。また、緑オプシンと赤オプシンの二つもよく似ています。このことから、前者の二つと後者の二つはそれぞれ元々同じところから出てきたんだな、ということが推測されます。

そこでいろんな生物を調べてみると、こういうことがわかりました。ロドプシンという遺伝子の途中から青オプシンというのができてきたらしいと。今から七億年前に分かれた生物、そこで遺伝子が二個に分かれて、生物は色を認識することができるようになったらしいと。ロドプシンは弱い光しか認識できない。けれども、生物が七億年前に初めて色というものを認識できた。そして、緑だったか赤だったかはまだわからないけれども、三億年前にもう一つ別の色を認識するタンパク質ができて、ごく最近、生物は緑色と赤色を認識できるようになったらしいということがわかってきました。

緑と赤を認識できるようになったのは、ほんの最近で三千万年前ぐらいであろうというふうに考えられています。ちょうど類人猿の祖先が出てきた辺りですね。類人猿の祖先辺りから初めて緑と赤が認識できる。だから犬とか牛とか、そういう動物は色に関してはあまり認識がはっきりできない。ところが、チンパンジーとか人はかなりはっきり色々な色を認識できるということがわかってまいりました。

世界がカラフルになったとき

ここから面白い話が始まるんですよ。この緑のオプシンと赤のオプシンというのは、両方ともX染色体というところにあることがわかりました。X染色体というのは、女の人は二本もっていて、男の人は一本しかもっていません。すると、女性の方が色をちゃんと認識できるのでしょうか。だから女の子の方がカラフルな洋服を着ていて、男はあまり色には関心がないのか、というと、そうではないよね。女性はX染色体を二つもっているけれども、そのうちの一つは働いてないんです。これが有名なX染色体不活性化と言って、一つの女性の細胞では二個のX染色体のうち片方しか働いていないんです。だから、女性も男性も一つの細胞では一個だけしかX染色体が働いていません。そういう意味では、男性も女性も働き具合は同じであるというふうに考えられているわけです。ところが女性では、働くX染色体は細胞によって違いますから、ある細胞ではある一方が働いていても、隣の細胞ではもう一方が働いていたりします。つまり、一個の細胞ではどっちか一方しか働いていないけれど、体全体としては両方働いているわけです。

このことを踏まえて昔何が起こったかを考えると、非常に興味深いものがあります。

今まで青色しかわからなかったんだけども、緑、もしくは赤も認識できる生物が出てきた。別の色も認識できるようになったわけです。例えば、新しく赤が認識できるような生物が生まれたとします。つまり、遺伝子重複によって、新しく赤を認識できるような遺伝子ができてきたわけです。ところがその生物の中で、その赤の遺伝子にさ

コラム 一人の命を助ける金額の内訳

筋肉とか神経の学会に行ったんですけれども、そこで、貧困に苦しむアフリカの子どもたちの話なんかが出たりしていました。そして日本人はお金持ちだなと思って、実にびっくりして帰ってまいりました。

みんな知っていますか？　今、世界では一年に九〇〇万人ぐらいの子どもが死んでいるんです。で、一人の命を助けるのに大体いくらかかるか知ってる？　助けるって言っても、何か薬をあげればいいだろうとか、お水やミルクをあげればいいだろうとか、そういう問題ではないんです。ミルク一回分じゃあ一人の命は助かりませんよね。大体一人十万円ぐらいかかるんですよ、計算上は。でも、その十万円のうち、半分は何の値段か知ってる？　薬じゃないんだ。例

えばワクチンなど、薬の費用というのは二〜三割ぐらいなんです。

アフリカなどへ行って貧困に苦しむ子どもたちを助けようなんて話はいっぱいありますが、それにかかる実際の費用の中には、例えば物を運ぶ費用とか、その場で働く人たちを雇用する費用とか、そういうのがいっぱいあるわけですね。意外と薬などを運ぶ、トランスポーテーションの費用ってたくさんかかるんですね。でも、それでも全体の一割ぐらいです。人件費というのも結構かかって、一割以上かかるんですよ。だけど、子どもたちを助けるお金の約半分は、あることに使われているんです。何に使われているか知ってる？　それは、水をきれいにすることに使われているんですよ。飲み水の浄化に使われているんですね。こういう話は、意外と日本にいると気が付かないことがあって、外国に行ってそういう話を聞くと、ああ、なるほどな、と思って感心して帰って来るわけです。

ここで私が言いたいことというのは、このような記事を見たときに、一人十万円もかかるのかということと、もう一つ、どういうところにお金がかかって、何が問題なのかということをよく考えてくれるといいな、ということです。

らに突然変異が起こって、青と緑だけが認識できるような生物が生まれたんじゃなかろうかと。この赤の遺伝子と緑の遺伝子は非常によく似た遺伝子ですから、最初赤を認識する遺伝子だったものの中に、突然変異が入って緑を認識する遺伝子になる可能性は充分あります。実は赤と緑の違いは三六四個のうち十五個なんですが、ちょっと遺伝子変異が起こって、今まで青と赤だけがわかっていた生物の中から、青と緑を認識できる生物がどうも生まれたらしい。

そうすると何が起こる？　赤をもっているX染色体と緑をもっているX染色体が、生物の中にいっぱいできてきたわけです。これは、X染色体を二つもっている雌の中には、赤と緑の両方をもったやつが生まれたに違いありません。つまり、赤だけでなく、突然変異によって緑の遺伝子もできた生物の中で、雌だけが今の人間と同じような色の認識ができるようになったのではないか。赤と緑が認識できるということは、その間の色も認識できるようになったということですね。そうすると何が得だ？　いろんな得があるよね。例えば、黄緑色の若芽がすぐわかります。そして、黄緑色の葉っぱは非常においしそうに見えるというふうに、ものの認識によって生命体が非常に環境に適応したのではないかということが推測されてきたわけです。わかりますね。

不等交叉《こうさ》で雄の世界もカラフルに

この後、先ほど言った不等交叉というのが起こって、元々一本のX染色体の中に赤と緑は片方しかなかったのに、赤と緑両方をもったやつが生まれたに違いないと。つまり、二本のX染色体の中に赤、緑の遺伝子が一個ずつあったとすると、不等交叉を起こした場合、両方もっているX染色体と全くもってないやつができるわけですね。そうやって、赤と緑二つもっている生物が生まれたに違いない、というわけです。一本で両方もっていれば、雄にも色覚が生ずるはずであると。つまり、最初に雌に緑と赤の両方を認識できる色覚が生じて、その後、雄にも色覚が生じて、生物はいわゆる三色認識できるようになったのではなかろうか、というふうに現在推測されているわけです。

この推測が本当に正しいかどうかを調べるため、人のX染色体が実際はどうなっているかを見ますと、赤を認識する赤オプシンと緑を認識する緑オプシンが並んでいるわけです（この言い方は、正確には正しくない。吸収極大が赤の方にかたよっているオプシンと緑の方にかたよっているオプシンということ）。皆さんのX染色体には図４（次頁《ページ》）のように並んでいるんですが、人によっては緑が二つある人と、なんと三つある人もいるってことがわかってまいりました。もちろん緑を四つ以上もっている人もいます。だから、緑オプシン遺伝子の辺りで非常に強く不等交叉が起こったらしいということが推測され、今、日本人では緑を一個もっている人が三八％、二個もっている人が四〇％、三個が一八％、四つ以上が四％という割合になっています。日本人では緑オプシンの数がやたら違っているということがわかってきて、どうやら推測していたことが人間でも起こっているらしい、ということがわかってまいりました。

問題はここからです。このもっている遺伝子の数によって、皆さんのものの見え方が違うんじゃないかと、みんな考えるようになってきたわけです。で、緑のオプシンをたくさんもっている人は、理論的には緑色に対する感受性が非常に高いのではないかと。例えば、たくさんもっている人は絵を描くときに、濃い緑と薄い緑とをうまく使い分けて、モネの絵み

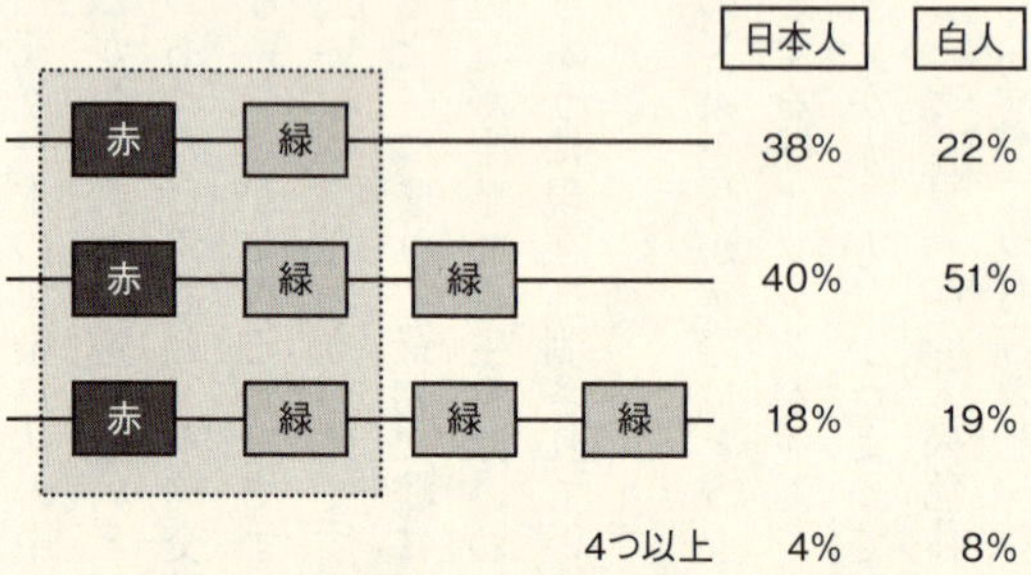

図4　日本人の緑オプシンの数

たいにいろんな色を上手に使うことができる人であったり、一個しかもっていないやつは、毎日ちょっとずつ違った緑の服を着ている子がいても、あの子は服を一着しかもっていないんじゃないかしら、なんて疑うような人間ではなかろうか、というような推測が出てきたわけです。

人によって色の見え方は違う

ここから遺伝子の話になるんですが、まず赤オプシンの遺伝子を調べてみました。日本人全体の赤オプシンの遺伝子を調べてみると、赤オプシンは全部で三六四個のアミノ酸からできていますが、実は全員が同じ赤オプシンというわけではありません。一八〇番目のアミノ酸、ここだけが人によって違っていて、ここがセリンというアミノ酸になっている人と、アラニンというアミノ酸になっている人がいて、それぞれ七八%と二二%いるってことがわかってきました。つまり、日本人は約八対二の割合、言い換えれば四人と一人の割合で、どうも違う遺伝子をもっているらしい、ということがわかったんです。

そこで、セリンをもっている人とアラニンをもっている人は何が違うかということを調べてみました。実際、この二つの赤オプシンのタンパク質を作ることはできるんです。で、そこに光を当てると、これらは最大吸収波長が六ナノメートル違うということがわかってきた。これはどういうことかというと、赤い光を当てたときに、普通の赤色であると認識するか、ちょっと暗い赤色であると認識するか、が違うってことです。つまり、どちらの遺伝子をもっているかによって、同じ色を見ていても皆さんの脳は違う色を認識しているってことなんですね。

一つ哲学の問題が解けたわけです。私が見ているものとあなたが見ているものは、同じものだろうか。アリストテレス以来の大きな哲学の問題だったわけです。答えはノーです。もっている遺伝子によって、見ているものは人によって違うらしい。それは、皆さんのもっている遺伝子から作られた、タンパク質の性質の違いによって説明ができるということがわかってきました。なかなか興味深い話ですよね。これがまず第一点です。

赤と緑の区別がつかない

問題はここからなんですけれども、不等交叉がうまく起こった場合はいいんですが、不等交叉がうまく起こらないと、カラー・ブラインドネスと呼ばれることが起こるということがわかってきました。現在日本では、色覚障害というふうに言われているんですけれども、障害ではない。後で言いますが、これは障害ではないし、異常でもないので、カラー・ブラインドネスという言葉が一番いいと思うんですが、そういう方々がいるってことがわかってきました。

それはなぜかというと、先ほど不等交叉がうまく起こらないと、と言いましたが、例えばこういうことが起こります。一つの赤オプシンと二つの緑オプシンをもっている人がいて、図5のようにちょっとずれて並んだときに不等交叉が起こりうるわけです。例えば、点線のところで不等交叉が起こると、どんな遺伝子をもつことになりますか？　上と下が点線を境に入れ替わるわけですから、例えば、点線の左側が入れ替わったとしますと、上は緑－緑となり、下は赤－赤－緑－緑というふうになりますね。

となると、もし上の遺伝子をもった卵子から生まれた男の人は、赤オプシンをもたないことになるわけです。そして、赤オプシンがないっていうことは、赤と緑の区別が非常に難しくな

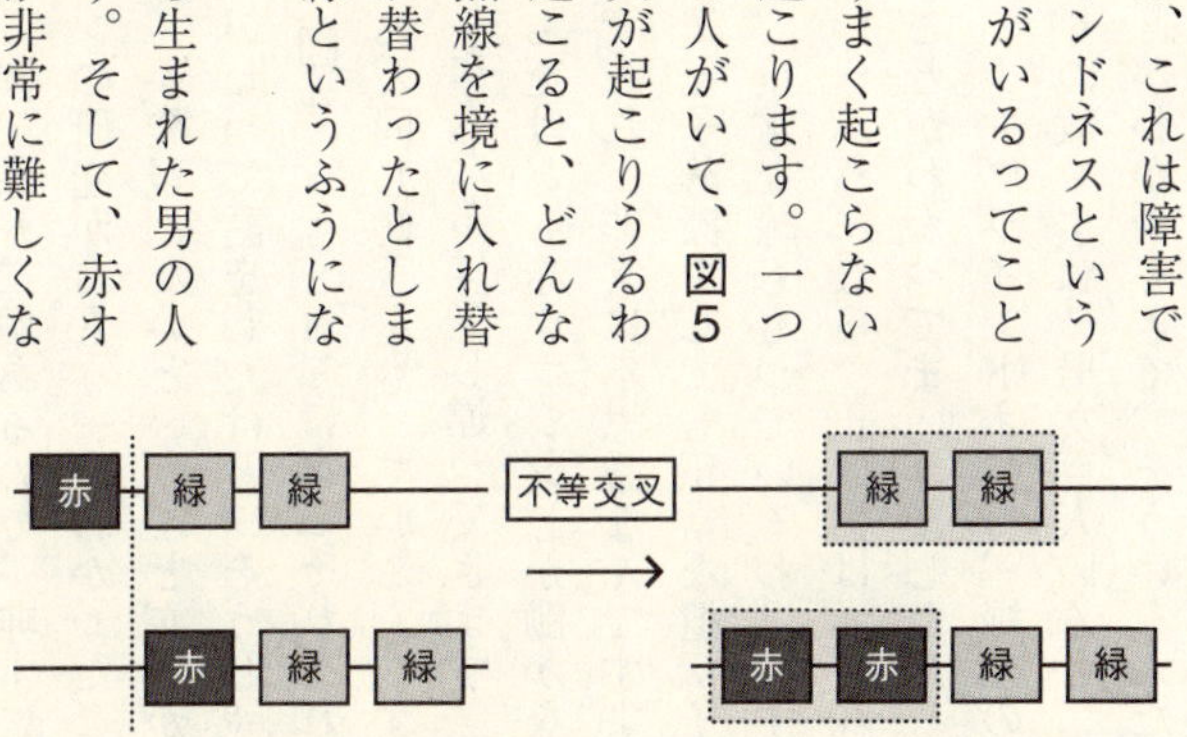

図5　赤と緑オプシンの不等交叉

るということになります。下はというと、赤も二個、緑も二個あるので、非常にいいですね。ということになるはずですが、オプシンの研究からもう一つわかったことは、並んだオプシンというのは、最初から二個だけしか発現しないということがわかってきたんです。さっき緑がたくさんあった方がいいねって話をしたけど、そうじゃないんです。実際働くのは最初の二個だけなので、図4（258頁）にあるそれぞれの遺伝子をもった人たちは、緑の数は違ってもほとんど同じ働きをもっているんです。でも、図5（261頁）のような不等交叉を起こした人たちは少し違ってきます。図5の下は、正常な緑オプシン遺伝子をもっているんだけども赤オプシンしか働かないんです。だから、赤と緑の区別が悪くなるんです。これ、非常に不思議なんですよね。例えば、図5の下の遺伝子をもっている人は、遺伝子診断をしても正常な遺伝子をもっているわけですよ。正常な赤をもっているし、正常な緑ももっているわけです。ところが実際は、赤と緑は非常にわかりにくいというふうになる。正確には赤と緑の区別が非常につきにくいような人になるっていうことがわかってまいりました。

で、日本人では男の人の一・五％が赤色のカラー・ブラインドネスで、緑色のカラー・ブラインドネスは三・五％なんです。かなりの数ですね。男女百人いると二人か三人は必ずこういう人がいらっしゃるということがわかってきて、そういう人たちのために、色使いをわかりやすくしなければいけないというのが今回のメインのテーマです。色覚バリアフリーの考え方、このお話はどこかで聞いたことがあると思います。東大の分子細胞生物学研究所にいる僕の友人、伊《い》藤《とう》啓《けい》先生がこれの専門家で、伊藤先生はご自分もカラー・ブラインドネスなんです。ご自分もカラー・ブラインドネスなので、カラー・ブラインドネスの方がどういうところに苦労しているかっていうことを本に書いたり、色使いをわかりやすくしようというお仕事をなさっていて、なかなかいいお仕事だと思いますので、今回はそれをご紹介いたします。

　実は、チンパンジーとか日本ザルでもこういうことが起こるということがわかっています。興味深いのはここからなんです。東大に心理学の長谷川《はせがわ》寿一《としかず》先生という方がいらっしゃるんですが、長谷川先生の学生がサルを使って行った実験では、カラー・ブラインドネスのサルの方が形の認識ははっきりできるということがわかってきたんです。だから、カラー・ブラインドネスっていうのは損ではないんじゃないか。つまり、色ははっきり識別できないけれども、その代わりに形とかテクスチャーとか別の情報を使って認識しているんではないかということがわかってきたんです。人間ではまだはっきりしていないんですが、一つ何かができないことがあった場合は、別の情報を使って色々なものを認識しているんではないか、ということです。だから、カラー・ブラインドネスの方がもしいらっしゃっても、そういう方は、例えば青に対する認識が非常に他の人より強いとか、そういうことがあるんじゃないかと提案されていて、それはなかなか面白いと僕は思います。こういう話を聞いて、これはちょっと色使いには気を付けないといけないぞ、ということを皆さんにおわかりいただきたいと思います。

区別がつきにくい色

私は色覚普通なんですけれども、伊藤先生に聞いてびっくりしたことがあります。それをちょっとご紹介しましょう。カラー・ブラインドネスでない方はあまり気付かないんですけれども、カラー・ブラインドネスの方は黄緑と黄色の区別がつかないと言われています。もちろん一番ひどい場合ですよ。伊藤先生が書かれた本を見ますと、伊藤先生と一緒にお仕事をされているカラー・ブラインドネスの方は、二十歳になるまで黄緑色の公衆電話を黄色だと思っていたと言うんです。つまり、お金を十円入れて話す黄緑色の公衆電話がありますね。あの色は普通黄緑に見えて黄色には見えないんですけれども、カラー・ブラインドネスの方は同じ色に見えるというわけです。そういうことに私たちは気付かないわけです。だから、ポスターを作るときは、黄緑色

コラム　熱帯雨林が減少すると困ること

毎年毎年、四国とか九州くらいの面積の熱帯雨林がだんだんなくなっている、という話を聞いたことありませんか。で、熱帯雨林が減少すると何が困るの？熱帯雨林が減少すると二酸化炭素が増えるって言う人がいますが、二酸化炭素の吸収とか酸素の生成のほとんどは、熱帯雨林で行われているのではありません。ロシアから北欧にかけて非常に大きい針葉樹林帯がありますが、実は、それが地球上の酸素の半分くらいをまかなっていて、決して熱帯雨林がまかなっているわけじゃないんですね。だから熱帯雨林が減るというのは、酸素が減るとか、二酸化炭素が増えるとか、そういう問題ではないんですね。

熱帯雨林が減ると何が問題かというと、色々問題はありますが、例えば希少動物が減るっていうのは当然だよね。いろんな動物が減ってくる。そして、一番困るのは何かっていうと、減ったところが砂漠化することがまず困るんです。いったん熱帯雨林がなくなったところには、二度と森ができない。これが、熱帯雨林が減ると困る非常に大きな問題です。

じゃ、森がなくなるんなら、そこに木を植えればいいじゃないかと言うんだけども、熱帯雨林だけはそれがうまくいかないんですよ。日本では、木を切っても、そこへ木を植えればまた生えてきますから大丈夫ですが、熱帯雨林は違うんです。

木が腐ったりしたものが地面の上にたまっている土壌っていうのがあります。この土壌っていうのは、日本みたいに春夏秋冬があるようなところでは厚いんですけれども、熱帯雨林では非常に薄いんです。熱帯雨林では土壌が非常に薄いために栄養分が非常に少ない、だから砂漠になりやすい、そういう非常に大きな欠点があるんです。だからいったんなくなった土壌は、なかなか回復できない。ここが今大きな問題になっていて、いったん砂漠になっちゃうと、そこでは食物が一つも作れないっていうことになるんですね。


と黄色は絶対に並べないこと。並べると、それがわからない方もいるっていうことを皆さんに知ってほしいわけです。

もう一つ大事なことは、ピンク色と水色、これも同じに見える人もいる。ピンクと水色を並べたポスターってよく見かけませんか？　例えば棒グラフで、片方をピンクにして、もう片方を水色にするというのをよく見かけるんだけど、これの区別がつかない人がいます。これは非常に大事なことで、そういう人がいるところでこのような色使いをしてプレゼンテーションをしても、聞いている人は何もわからんわけです。もっとひどいのは、薄い水色の背景にピンク色の文字が書いてあるやつで、そういうのは非常に見にくい人がいらっしゃる。だから、こういうことは絶対に避けなければいけない、ということを知ってほしいために今回このお話をしているわけです。

もちろん、赤緑カラー・ブラインドネスですから赤と緑の区別は非常につきにくい。だから、赤と緑もなるべく並べないようにしなければいけないとか。例えば、肌色っていう概念もなかなかない。肌色っていうのはピンクによく似た色ですけど、肌色がオレンジ色に見える。逆に言うと、肌色とオレンジの区別がなかなかつきにくいという人がいます。また、黒のバックに赤で字を書かない。これも非常にわかりにくい方がいます。典型的なのはこういうものでありまして、皆さんがスライドやポスターを作るときとかは、やっぱりわかりやすいプレゼンテーションをしなければいけません。だから、区別のつきにくい色はこういうふうに使わないようにしましょうというわけです。

区別がつくようにする工夫

ではどうすればいいか。例えば、赤に少しピンクを混ぜたマゼンタという色があります。そのマゼンタと緑を並べれば、非常に区別をつけやすいんです。現実的な話があって、例えばボタンを押すと小さいランプがつくような機械がありますよね。それでイエスのときには赤がついて、ノーのときには緑がつくようなランプは使っちゃまずいわけですよ。それを区別ができない人がいるわけですから。

例えばスキー場にコース案内がある。そこに上級者コースですって赤で書いてあって、下級者コースですって緑で書いてあると、区別つかない方がいるわけです。赤と緑だけではなく、ピンクと水色で書いてもいけないわけです。こういうバリアフリーの考え方っていうのは、皆さん是非頭に叩《たた》き込んでおいてください。自分は区別がつくけども、なかなかつかない方もいる。そういう場合はどうしたらいいんだろうか、という話を今回はしたいんです。

皆さん、地下鉄の路線図をもっていますか？　何色で書いてあります？　例えば、千代田線は確か緑で書いてあるよね。一方、丸ノ内線は赤で書いてあると思うんですけれども、そういうのはなかなか区別がつかないわけです。誰にもわかるような色使いってどうしたらいいと思う？

何を工夫すべきかというと、やっぱり色調を変えるんです。と同時にハッチングをかける。ハッチングってどういうのかというと、例えば平行線で模様をつけるようなことをハッチングと言います。ハッチングをかけると、かかっていないのと区別がつきます。円グラフなんかを書くと、みんなよく勝手な色使いをするんです。このとき、区別しにくい色を隣に置かないのと同時に、一個おきにハッチングをかけるとか、点々で模様をつけるとか、そういう工夫をすることによって、わかりやすいプレゼンテーションっていうのができるようになるんです。こういうことを注意するってことが大事で、知らなきゃ注意できないわけですね。

色覚バリアフリーに向けて

ところで、信号機の色はどうなっているか知ってますか。緑と赤、黄色の信号がありますね。あれを真っ赤と真緑にすると非常に見にくいので、現在はどちらに工夫が凝らしてありますか？　今は緑色の方に少しブルーを混ぜてあるんですよね。それで区別がつきやすくなっています。だけど、まだパイロットランプなんかでは赤と緑を使っていたり、地図で赤と緑を使っていたりするのがあって、ちょっとまずいと思います。先ほど言ったゲレンデのコースなんていうのは非常に大きな問題です。

今こういうことが問題になっているので、幼稚園の先生にこういう教育をだんだんしてきているんです。例えば、色鉛筆を取ってもらうときに「○○ちゃん、そこにある赤の色鉛筆を取ってちょうだい」と言っちゃいけないって知ってる？ つまり、「赤の色鉛筆を取ってちょうだい」って言うと、カラー・ブラインドネスの子どもはわからない場合があるわけです。だからこういうときには、「右から三番目の鉛筆を取ってちょうだい」などと先生は言うように現在指導されています。それくらい気を使った方がいいっていうわけです。これでみんながわかるようになるので、もちろんその方がいいですよね。

かつては職業区別があって、お医者さんでボトルの色がわからないと薬を間違える可能性があるので、カラー・ブラインドネスだと医者になれない時代があったんですが、今はさすがにそういうことはありません。また、信号の色がわからないと困るとかで、長い間、カラー・ブラインドネスの方はなかなか飛行機のパイロットや電車の運転士さんになれない時代がありました。今はどうなっているかはっきり知りませんが、多分職業の制限はあまりなくなったと思います。

女性がなりにくい理由

次に、驚くべきことが起こるってことがわかってきます。先ほど言ったように、カラー・ブラインドネスの方はX染色体に遺伝子欠損があるんです。例えば、赤オプシンの遺伝子をもっていない人は赤色カラー・ブラインドネスになります。では、赤オプシンの遺伝子がないX染色体と緑オプシンの遺伝子がないX染色体が一緒になった女性はどうなるでしょうか？　もし、両方とも赤オプシンを欠損していたら、赤色カラー・ブラインドネスになります。ところが、赤を欠損したX染色体と緑を欠損したX染色体をもっている女の人は、正常の色覚をもっているということがわかってきたんです。これはなぜだか説明できますか？

実際こういうことは起こりうるわけですよ。例えば、緑色カラー・ブラインドネスの男の人と赤色カラー・ブラインドネスの遺伝子を半分もっている女性が結婚したとします。女性の方はヘテロなので、片方は正常ですから色覚も正常ですね。こういう場合、赤を欠損したものと緑を欠損したものの両方をもっている女の人は確かに生まれる可能性があります。で、この人がなぜ正常な色覚をもっているかというと、こういうことがわかってきたんです。

目の細胞を見てみると、網膜の細胞というのはお互い隣り合っています。それで、先ほど言ったように、一つの細胞では片方のX染色体が働かなくなるので、結局はもう片方のX染色体しか働いていないわけです。だから、赤を欠損したものと緑を欠損したもの両方をもっている女性では、この細胞は赤色カラー・ブラインドネス、こちらの細胞は緑色カラー・ブラインドネス、というようになっているわけです。つまり、赤色カラー・ブラインドネスの細胞と緑色カラー・ブラインドネスの細胞とがモザイクになっているわけです（図6）。

ところで、色覚ってどうやって生じるかというと、網膜につながっている神経が、網膜で認識した色を脳に伝えているからなんです。ところが神経は細胞一個ずつにつながっているんじゃなくて、網膜の細胞全体が神経によって脳につながっているわけです。そうすると、私たちの脳は一個一個

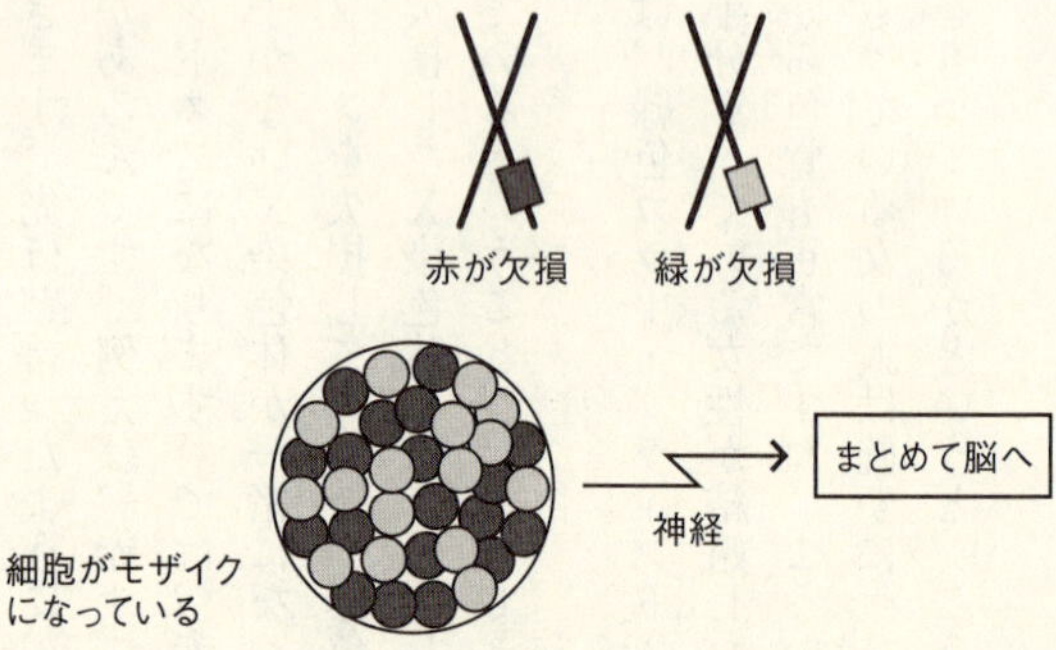

図6　赤・緑片方ずつない女性の場合

の細胞を見ているんではなくて、網膜の細胞全体を見て判断し、色覚を判定しているわけです。つまり、色認識をする場合には、一個の細胞ではなくてある範囲で行っているために、細胞一個一個はちょっと問題があるにせよ、全体としては色覚が生ずるということがわかってきたんです。

だから人によって色覚が違うというのは当然の話で、その人がどういう遺伝子をもっていて、どういう割合になっているかによって、色覚は人によって違うわけです。これは遺伝子診断ではわからないことで、例えば、たまたま全部赤の遺伝子が欠損しているX染色体の方が働いていると、その人は赤色カラー・ブラインドネスになっちゃうわけです。だけど、均等に両方のX染色体が働いている場合は、カラー・ブラインドネスにならない、というふうに同じ遺伝子をもっていても遺伝子の発現の様相によって違ってくる、ということがわかってきました。つまり、その人がどういうふうになるかは網膜の細胞それぞれがどんなタンパク質を作っているかによって違う、ということが明らかになってきました。もう本当に人それぞれである、結論としてはそういうことになるんです。非常に不思議なことですね。

私たちが気を付けること

要するに、カラー・ブラインドネスというのには色々問題はあるにせよ、皆さんにはこういう事実があるってことを知っていただいて、しっかり色について考えていただけたらありがたいと思います。例えば、人に見せるグラフを作ったり、人に見せる立て看板を作るときに、いろんな色をちゃらちゃら使うやつがいます。一個一個の文字を全部別の色で書いてあるやつがあったりしますが、すごく見にくいんです。人にわかりやすいものを描くためには、色の数は少なめにせよ、これ、絶対条件ですね。これが第一点。

もう一つは色に頼らない情報の使い方を考えなさい、ということです。色だけで何かを伝えようとはしないで、例えばグラフの区別には、斜線や点々を使ってハッチングをかけましょう。

先生になる人は、チョークを使うとき、必ず白と黄色だけを使うようにしましょう。鉄則です。緑や赤のチョークを使ったりしては絶対いけません。わかりやすい授業と

コラム　森を作る方法

砂漠に森を作ることができるだろうか。実は今まで成功した例はいっぱいあって、例えばサウジアラビアとかクウェートなんかでは、砂漠のところに森を作ることができました。オーストラリアの南の端、あの辺は暖かいんですが、あの辺でも成功しています。

砂漠に森を作るにはどうしたらいいと思います？　木を植えただけでは、枯れちゃいますよ。水はどうすんの？　何百ヘクタールってところに水を全部撒《ま》くことできる？　水を一帯に撒くためには、雨を降らせないといけないわけです。どうやって雨を降らせるか、知っていますか？

一つは、まず海水を淡水に変える。つまり、淡水化プラントをまず作る。とにかく真水がなきゃいけない。淡水化プラントを作って、広く植林するわけです。木がたくさん植わると、面白いことに、そこ一帯の湿度が上がるんですよ。そして湿度が上がると、その上に雲ができやすくなるんです。つまり木がある程度以上たくさんあると、自然と雨が降るようになるんですね。また木があると、湿度が上がるとともに、気温が低下するんです。で、定期的に雨が降るようになってしまえば、もうしめたもんですね。

いうのは、白と黄色だけを使って書く。私も講義をするとき白と黄色だけを使うようにしています。意外と黄色ってはっきりするんですよね。例えばスライドで、ブルーのバックに黄色の文字を書くと非常にわかりやすいですね。また、色に頼らない情報というのは、例えばあまり細い字で書いたらわかりにくいから文字を太くするとか、上手な方法って色々あると思うんですよね。こういうのをよく覚えておいてください。

ところで皆さん、例えば、カラー・ブラインドネスはぐんぐんよくなるとか、そういう本が売られています。だけど、それはちょっと難しいね。カラー・ブラインドネスというのは、お話ししましたように遺伝的に決まっているので、お祈りするなどの簡単なことでよくなるようなものではありません。もちろん学習をすればだんだんよくなります。色が違うなってことが少しずつわかるようになります。でも、カラー・ブラインドネスは神様に祈るとよくなるとか、そういう問題ではないということを知っておいてくれると非常にありがたいと思います。

中には、カラー・ブラインドネス、もしくはカラー・ブラインドネスではないけど、何かちょっと色の見え方が他の人と違うという方がいて、それを気力で治すことができました、と言う方がいるかもしれません。でも、それは気力ではなくて、経験で治すことができたんだと思います。なかなか気力では治せないよね。

コラム　温暖化の原因は何だ

温暖化の原因となりうるのは二酸化炭素だけじゃなくて、水蒸気もメタンもみんな温暖化ガスなんですね。とすると、もしメタンが原因だったら、もっと違うことをやんなきゃいけないんじゃないか、というわけですよ。

これから話すのは笑い話なんだけども、メタンを一番たくさん出すものは何だと思います？　鉱物の中にはメタンが入っているので、そのメタンともう一つは、牛のげっぷの中に一番メタンが多いって話、知ってる？　一頭の牛がげっぷで毎日出すメタンの量を測ると、インドにいる牛が出すメタンの量が一番多いんですね。そうするとインドにいる牛が、地球温暖化の原因になるっていう笑い話になって、牛を殺せって話になっちゃうわけですね。それはまずい。でも、地球が暖まっているのは、本当に二酸化炭素が原因なのか、メタンが原因なのか、はっきりしないわけですよ。

そこが一番問題で、みんな二酸化炭素が悪者だって言ってるけども、それ本当ですかっていう話です。

皆さんもこういうことを聞いたらですね、どこまでが正しいのか、どこまでがわかっていないことなのか、ということをきちんと判断するようにしてください。

例えば、煙草《たばこ》。地球温暖化に煙草が効いている可能性は非常に高いんです。一本煙草を吸ったら二酸化炭素がいくら出るって計算した人がいるんですね。そして、地球全体で毎日何本煙草を吸っているのか調べて、掛け算します。そうすると、煙草から出る二酸化炭素の量が計算できますね。その量と、牛がげっぷで出すメタンの量を比較すると、どっちが多いと思います？　意外と同じくらいの量になったりするんですね。そうすると煙草が温暖化の原因だって話になっちゃうね。でも、煙草なんかで温暖化になるわけがないって言う人もいるわけ。

だから、こういう議論っていうのは、どこまでが正しいのかってことをしっかり頭に入れておいていただかないと、議論のための議論になっちゃうわけです。


実は、ちょっと話は変わるけど、僕は気力で鉛筆を手にくっつけることができるんですよ。この話を講義でするときよく見せるんですが、学生に借りた鉛筆を手にくっつけてみせます「本当に手のひらに鉛筆がくっついて皆がどよめく」。何でこんなことできるかわかります？　実は手に両面テープを貼《は》ってあるだけなんです。（ハハハ）これをやるためだけに、講義が始まってから一時間以上ずっと両面テープを手に貼っているんですが、騙《だま》される学生がいる。こういうのにちょっとでもアッと思うような人は、いろんなことに騙されやすいんだと自分で思ってくださいね。

興味がある方は、「色覚の多様性と色覚バリアフリーなプレゼンテーション」〈「細胞工学」二十一巻、七三三頁《ページ》、九〇九頁、一〇八〇頁、秀潤社（二〇〇二）〉を是非読んでください。素晴らしい論文です。

Q&A　質問タイム

学生A　カラー・ブラインドネスというのは赤と緑だけなんですか？

石　浦　ヒトの場合はそうです。本当にまれに、全カラー・ブラインドネスの人がいますが、例外です。

＊

学生B　カラー・ブラインドネスは女性にもあるんですか？

石　浦　もちろんで、XXの両方に異常があればそうなります。しかし、授業で述べたように、別の異常のヘテロの女性では正常になる場合もあります。

＊

学生C　個人差があるのは赤オプシンだけですか？

石　浦　どんな遺伝子にも個人差（多型）があるのですが、表現型（見え方）の違いとして知られているのは赤オプシンが有名です。

第8講義

第8講義　寿命を延ばす遺伝子

これは文系の学生を対象にした講義ですが、一回くらいは私が世界を相手にたたかっている話をした方が臨場感があっていいのでは、と思って老化のことを話し始めました。しかし、悪い癖で話が飛んでしまい、自分の仕事のことは、ほんのちょっとになってしまいました。

今回は私たちの体のパーツの話ではなくて、私たちが長生きできるかどうかっていう長寿のお話をしたいと思いますので、少し聞いてください。今回の話を聞くと、長生きするにはどうしたらいいかっていうことがわかってきます。どういうふうにしたら長生きができるんだろうか？　長生きしていいことがあるんだろうか、というわけです。

一日三十分早起きをしようとすると、寝るのも三十分早くなる人がいたり、睡眠時間が三十分短くなる人もいます。人によってちょうどいい睡眠時間というのはだいたい決まっていて、七時間必要な人や五時間で済むような人がいて、五時間でいいという人は人生すごく得しているわけです。寝入る時間は同じにして一日三十分ずつ早く起きたら、一生の間にどれくらい得をするでしょう。家で電卓をたたいて計算したんですが、例えば六十年間三十分早起きすると、一年三カ月も得するんですよ。そうすると、浪人してもあまり関係ないよね。早起きすると、どうもいいことがありそうですね。

さて、こういう計算をしますと、次はどれくらい長生きをすればどれくらい得をするかという話になるわけです。上手に人生を生きるというのは非常にいいことだと思うので、長寿のメカニズムを知ることは非常に大事なことです。そのメカニズムを知るために、どういう食べ物をとったら長生きできるかとか、長寿の村へ行って研究するとか、色々行われました。しかし、もっと現実的に、長寿をきちっと科学で研究してみようというのが最近の流れになっていて、今回はその流れについて少しご紹介することにいたします。

寿命は細胞で予想できる

まず、個体の老化と細胞の老化は、どう違うのだろうかということです。一個の細胞を長生きさせるやり方がわかれば、私たちの体も長生きできるんだろうか。もしそうだったら、細胞の研究をするだけでいいわけです。このことを一番最初に研究したのがヘイフリックという人です。十年くらい前だと思いますが、私はこのヘイフリックが日本に来たときに講演を聞いたことがあって、そのときは結構おじいさんだったんですが、ヘイフリックはすごく面白いことを見つけました。

彼は若い人から細胞を採ってシャーレの中で培養したわけです。その他にも、八十歳のおばあさんや、四十歳の人から細胞を採って、同じ条件でシャーレの中で培養してみたところ、「おっ、違う」ってことを見つけたんです。年寄りから採った細胞というのは早く死んじゃう。ところが、若い人から採った細胞というのは、何度も何度も分裂するということがわかったんです。

そこで、何回分裂するかっていうのを、もっと詳しく調べてみると、面白いことがわかってきました。生まれたての赤ちゃんから採ると、大体六十回くらい分裂するんです。分裂回数というのは、普通どんな細胞でも六十回くらいが限度なんです。八十回以上、百回以上分裂するというのは癌《がん》細胞です。ところが八十歳のおばあさんから採ると、分裂回数はゼロではないけど四十近いところになる。で、いろんな年齢での分裂回数を調べてみたら、上手《うま》いこと**図1**のような直線の関係が得られたんです。ヘイフリックはこのことを一番最初に見つけたわけです。つまり、個体が老化するっていうことは、どうやら細胞も老化しているということがわかってきたんです。もちろんこれ、ヒトでの実験です。線維芽細胞という細胞はヒトの皮膚から搔《か》き採ってくることができますから、その細胞で行われた実験です。

このヘイフリックの実験から何がわかったかというと、個体の老化と細胞の老化というのは、一見関係がありそうだということがわかったわけです。つまり、細胞を長生きさせる研究をすれば、私たち個体も長生きできるんじゃないかっていうことが言われるようになったんです。

同時にヘイフリックではない別の人が、今度はいろんな動物で調べたわけです。例えば、二〜三年しか生きないマウスの細胞と、百歳近くまで生きるゾウさんの細胞では、どっちが長生きするだろうかというのを調べたわけです。これも非常にきれいな結果が出ています。動物の平均年齢と分裂回数を軸にとると、これは対数を両方にとる、動物の寿命って

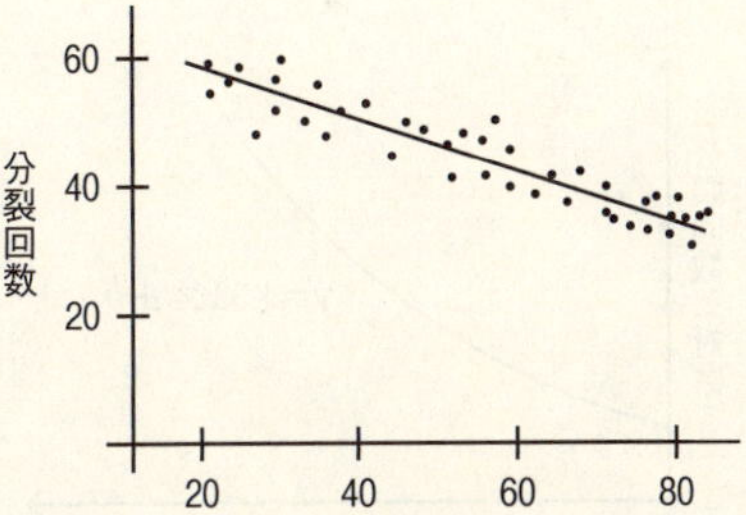

図1　年齢と細胞の分裂回数

百歳のやつから一歳の生物まで、非常に大きく違うから対数をとって、分裂回数も対数をとる。そうすると、これは直線に近い形になるってことがわかり、$y = ax + b$ という形で表せそうだということがわかりました。実際は x の一次関数ではなくて、$y = 1.38x^{2.7} + b$ という x の2.7乗に比例する結果になりました（図２）。つまり、動物の平均寿命を入れると分裂回数が計算できそうだということがわかって、動物から採った細胞でもその生物の寿命が類推できるんではないかってことがわかってきたんです。そうすると、一個一個の細胞を元気にしてやればいいわけですよ。どうしたらいいかってことになる。後で言いますけれど、皆さんが飲んでいる、ある薬とかドリンク剤の中に、もう分裂回数を増やすものが入っているんです。そういう話になります。

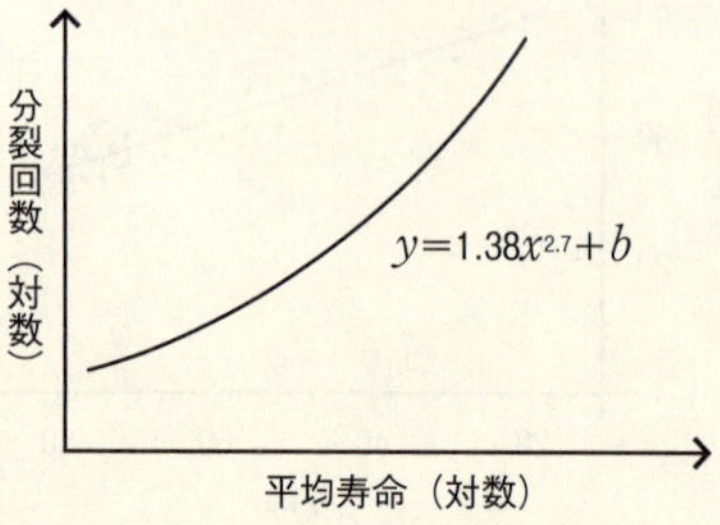

図２　分裂回数と平均寿命

ネズミよりゾウの方が長生きの理由

ここからの話はちょっと参考として聞いてください。一般に大きな生物は長生きするし、小さな生物は早く死にますよね。何でか知ってる？　これは東京工業大学の本川達雄先生が書いた、有名な『ゾウの時間ネズミの時間』（中公新書）という本の中でうまいこと説明してあります。意外と簡単な計算で説明できるんです。ざっと話をしますと、例えば、生物Aっていうのが一センチ四方の生物だとします。一方、生物Bというのは十センチ四方の生物だとします（図3）。そうしますと、生物Aと生物Bの表面積はどれくらいかというと、生物Aは六平方センチメートル、生物Bは一〇〇が六つだから六〇〇平方センチメートルですね。ところが、重さはというと、比重を水と同じだとして概算をすると、生物Aの重さは一グラムです。一方、生物Bは一〇×一〇

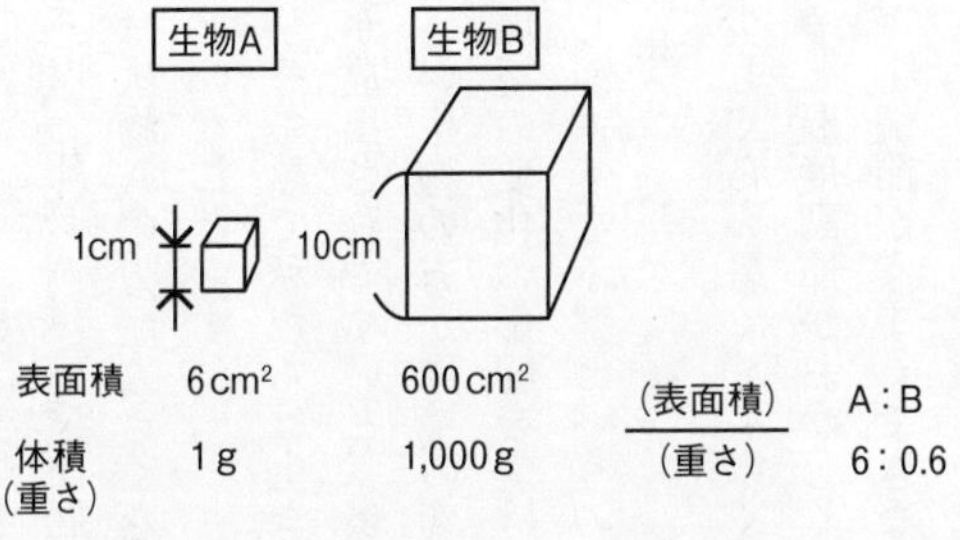

図3　小さい生物と大きい生物の違い

×一〇ですから、一〇〇〇グラムですね。次に、重さ当たりの表面積を計算すると、生物Aは一グラム当たり六平方センチメートルだから六です。ところが、生物Bは一〇〇〇分の六〇〇ですから〇・六になりますよね。つまり、生物Aは六で生物Bは〇・六となるから、重さ当たりの表面積の割合というのは生物Aの方が大きくなるわけです。ということは、生物Aの方が、熱が逃げやすいということです。

私たちの体って、ご飯を食べると熱が出てきますよね。その熱で私たちは生きているわけですけれども、それが逃げやすくなるんです。熱が放出されやすいと、環境の変化の影響を体が受けやすくなるわけです。つまり、小さい生物の方が環境の変化の影響を受けやすくなる。逆に言うと、大きな生物の方が環境の変化の影響を受けにくいということになりますから、大きな生物の方が長生きしやすくなる。というのが、『ゾウの時間ネズミの時間』で書かれている意見なわけです。

確かにこれは正しそうですね。だから、私たち人間は少しぐらい暑くても寒くても死にはしませんが、小さなネズミを飼っていると、ちょっと温度調節がおかしくなるとすぐ死んじゃったりします。つまり、こういうエネルギー調節がうまくできない、というのが小さい生物の弱点になるわけです。

私たちがご飯を食べたエネルギーっていうのは、半分ぐらいは外へ放出されるんです。だから、大体残りの半分が体の中の反応に使われると思ってください。つまり、熱が出るということは非常に大事なことなんですけれども、熱の出方が生物によって違うってことがわかっているわけです。これが参考の話。

環境で寿命が変わる

他にも動物の寿命とか植物の寿命を計算するときに、面白い話があります。例えば、オポッサムという動物がいる。どんな動物か知っています？　知っている人は意外とマニアックですね。オポッサムっていうのは小さいネズミみたいな生物なんですけれども、平均寿命は大体一〜二年なんです。これ面白いんですよ。このオポッサムを捕食者のいない島に移住させた実験があるんです。そうすると、平均寿命が一・五倍に延びたという結果が得られました。すなわち、生物の平均寿命というのは、捕食者がいるか、いないかによって大きく違ってくるということがわかって、これは面白いぞということになりました。これは一般の生物ですよ、人間ではない一般の生物での話です。

もう一つ、日本人の平均寿命は世界一です。自動車もいっぱいだし、あまり暮らしやすくなさそうな日本が、なぜ平均寿命は一番なんでしょう。これは生物学的なものではなくて、つまり日本人が強いというわけではなくて、何か別の影響がありそうだね。何が原因で日本人は平均寿命が一番高いか知っていますか？　実は、これは平均寿命の計算の仕方に原因があるんです。つまり、老人が多くなっているからではなくて、幼児の死亡率が低いということが平均寿命が高い原因になっているんです。日本人の平均寿命が一番高い理由は、乳幼児の死亡率が世界で一番低いというわけです。これが一番の原因であるということが、現在明らかになっています。決して生物学的に日本人が強いわけではなくて、このように環境が要因となっているような場合は色々あります。だけど、寿命の話では、なるべくこういう環境要因を放ったらかしにして計算したいわけです。遺伝子で本当に決まっているんだろうか、そういうお話をこれからいたします。つまり、環境と遺伝子、両方の要因があるうち、環境要因はちょっと置いておきますよということです。

老化の原因物質をつきとめた

この寿命の研究では、意外なところから意外な真実が出てきました。二番目です。細胞の研究からこういうことがわかってきました。まず、細胞は個体の寿命とある程度関係があるってことがわかりましたね。今までは若い人から採った細胞と年寄りから採った細胞をただ培養していただけだったんだけれど、今度は、その二つの細胞をフュージョンさせたわけです。つまり、融合させてみたわけです。これは面白い実験だ。

まず、若い人の細胞同士を融合させてみると、確かに分裂回数は多く、逆に老化した細胞同士では非常に分裂回数が少ないっていうことがわかってまいりました。で、知りたいのは、若い細胞と老化した細胞をフュージョンさせたものです。実際これらの細胞を融合させると、どうなるかってことが問題になるわけです。皆さんの予想ではどうなりますか？　若い細胞から何かエキスが出て、若いのと同じになると思う？　逆に、老化したものから毒が出て、老化したものと同じになるだろうと思う？　それとも、ちょうど中間だと思いますか？　ところが、中間なんてそんな甘いことは絶対起こらないわけですね。

老化した細胞と分裂回数はほぼ同じっていう結果が得られたんです。ということは、老化した細胞の中には、若い細胞の分裂を妨げる何かがあるっていうことですよね。その候補として挙がった物質が、ある有名なものなんです。テレビとかによく出てくるから、皆さんよく知っていると思いますが、何だったと思います？　それは活性酸素です。現在この活性酸素というものが非常に有力な候補に挙がっているわけです。

コラム　質問に答えて寿命を予想

自分の寿命がどれくらいになるか、左表にある寿命の予想というのをちょっとやってみてください。七十六歳はアングロサクソンの平均寿命なんですが、それにプラスマイナスしてくださいって書いてあるね。この中には、「年収が一〇〇〇万円以上か」とか「たばこを吸うかどうか」とか恐ろしい項目がいっぱい書いてあります。このなかで一番怖いのは、あまり寝すぎると体には良くないってことです。これは前からわかっていて、昔は寝る子は育つって言われていたんですが、最近はそうではないっていうことがわかってきたんです。

あと、もう知っているかもしれませんが、面白いサイトがあって、時間があったらhttp://www.beeson.org/Livingto100（※現在は閉鎖）をちょっと訪ねてみてください。ここを訪ねると質問が出てきます。Do you smoke? という質問やDo you take Selenium everyday? という質問があります。イエスとかノーとか順番に答えていくと最後に予想寿命が出てきますので、英語ができないとちょっと難しいかもしれませんが、暇があったらやってみてください。

こういうやつって結構面白くて、左表の寿命推測は「ネイチャー」っていう信頼できる科学雑誌に最近書いてあったものですから、そんなに古い話ではありません。それにしてもひどいよね、男性だったらもうマイナス三になって、女性だったらプラス四になるって、最初から男と女の寿命が違うってことが決まっているんだもんね。他にも、独身というのは非常に厳しい寿命を縮めるファクターになっていることがわかります。体重も非常に大きなファクターだね。

基本は76歳です．以下の質問を見て，76にプラスマイナスしてください．

・あなたは，今，何歳ですか．
30～50歳なら（＋2），51～70歳なら（＋4）
・男性なら（－3），女性なら（＋4）
・200万人以上の都会に住んでいるなら（－2），
1万人以下の町なら（＋4）
・祖父母の1人が85歳になったなら（＋2），
2人が80歳を超えたなら（＋6）
・両親のどちらかが50歳以前に
心臓疾患で亡くなっているなら（－4）
・年収1,000万円を稼いでいる人は（－2）
・大卒は（＋1），大学院卒は（＋2）
・65歳以上で働いているなら（＋3）
・連れ合いがいるなら（＋5）
・現在，独身は（－3）
・独身時代が10年以上続いているなら，
10年ごとに（－3）
・机上の仕事を行っている人は（－3），
身体的運動が必要な仕事は（＋3）
・週5回，30分の運動を続けていると（＋4），
週2～3回なら（＋2）
・1日に10時間以上寝る人は（－4）
・性格として，リラックスタイプは（＋3），
緊張タイプは（－3）
・幸せなら（＋1），不幸せなら（－2）
・この1年間に制限速度オーバーで
つかまったことがあるなら（－1）
・1日に1合以上の酒を飲む人は（－1）
・1日に煙草2箱以上は（－8），
1～2箱は（－6），半分から1箱は（－3）
・20kg以上，過体重なら（－8），
10～20kgなら（－4），5～10kgなら（－2）
・あなたが40歳を超えた女性のとき，
毎年，婦人科医に診てもらっているなら（＋2）

つまり、老化した細胞の中に活性酸素というのが出て、これがどうも悪者らしいということがわかったんです。この活性酸素というのは、DNAにダメージを与えるので遺伝子とかタンパク質に影響が出てきます。また、活性酸素が脂肪と反応すると過酸化脂質ができて非常にまずいと言われています。

では、活性酸素をなくせば老化が防げるのではないか、というのが今の流れになるわけです。証拠はいっぱいある。活性酸素をなくすような薬として、ビタミンEが一番有名なんですが、それを細胞を培養しているところに入れておくと、細胞分裂がちゃんと行われるようになるとか、動物にビタミンEを投与すると少し長生きするとか、そういうデータがいっぱい出ています。こういうことから、活性酸素っていうのがどうも非常に悪者らしいってことがわかってきました。

活性酸素が出るしくみ

じゃあ、活性酸素はどこから出るかというと、これはもうしょうがないんです。私たち、ほとんどの生物は酸素を使って生きているわけですね。酸素を使う反応の副産物として必ず活性酸素が出てきますから、私たちが生きている限りこれはもうどうしようもないことです。だから、活性酸素をいかにうまく防げば長生きできるかって話になっちゃうわけです。この一番有名だけど皆さんがあまり知らない例で、こういうのがあります。

例えば、紫外線は体に毒だって、みんなよく知ってるね。紫外線を浴びると癌《がん》になるね。でも、紫外線を浴びるのは殺菌にもなるわけですよ。紫外線を当てておくとばい菌は死んじゃう。つまり、紫外線は滅菌の役にも立っている。浴びると体に悪いけども、いいこともしている。

じゃあ、なぜ紫外線が体に悪かったり、また一方ではばい菌を殺すかっていうと、実は活性酸素が関係している部分があるんですね。紫外線を細胞に当てると細胞からたくさんの活性酸素が出て、その活性酸素がばい菌を殺しているんです。皆さん、X線などの放射線が体に悪いってことはよく知っていると思います。ではなぜX線を浴びると体に悪いのかっていうと、X線は非常に強い透過能力をもっていまして、身体《からだ》の中の細胞に当たると細胞から活性酸素が出てくるんです。そして細胞に毒性を与えている、というふうに考えられています。つまり活性酸素というのは、老化だけではなくて、放射線の毒性に強く関係しているものであるわけです。

じゃあ、活性酸素をなくしてやれば紫外線の効果もなくなるし、宇宙旅行での放射線の効果も防げるんじゃないかというわけです。皆さん、宇宙飛行士というのは地上に比べて非常に多くの放射線を浴びるってことは知っていますね。宇宙船の中に入っていても放射線を浴びちゃうんです。もうどうしようもないわけです。そういうときに、宇宙飛行士の活性酸素を防ぐことによって、つまり活性酸素をなくすようなものを食べたり飲んだりして防げるんだったら非常にいいわけです。そういう研究も今行われているわけです。いいですか、この活性酸素というのはいろんなところに効いている悪者であるってことを、ちょっと頭の中に入れておいてください。

一番最初に老化するところ

ところで、体の中で一番最初に衰えるのはどこだか知っていますか？　僕は自分で経験しているからわかるんですね。経験上、徹夜ができなくなったとかありますが、もう一つ個人的に、鼻毛が白くなってきたというのが一番最初の老化でした。これ誰にも言えないような秘密なんですけれども、他は何も変わらないのに鼻毛だけが白くなって、多分自分だけが気付いていて、クソって思ったりするわけです。多分それが一番最初にわかる変化なんですね。

それはさておき老化が一番早く出てくるのは耳なんです。聴覚が悪くなってくるんです。つまり、高波長のキーンとした高い音に対する反応がだんだん悪くなってくる。

コラム　みんな浴びてる放射線

スペースシャトルで一週間も二週間も飛んでいると、地上にいる一年分以上の宇宙線を浴びるんです。でも、皆さんは宇宙線を浴びていないかっていうと、やっぱり浴びているんですね。それは自然宇宙線と言って、自然放射線とも言います。

どっから放射線を浴びてるかっていうと、例えばカリウムの40っていう放射性元素がありますが、これは植物の中に含まれています。植物の中に均等に含まれているために、植物を食べると皆さんの体の中に放射能が入るわけです。もちろん微量ですよ。だけど放射能が入っていきます。また、例えばラドンって放射性元素は、壁の石の中に含まれていますから、壁の中から放射線が出ているわけです。だから壁に近づくと、もう離れていたときよりも放射線をたくさん浴びているわけですね。そういう自然放射線っていうのは、いっぱい存在する。だから放射能が怖いって言っても、皆さんが浴びていないかっていうとそうじゃないんですね。

笑い話なんですが、山手線を使っている人は、そうじゃない人に比べて、放射線をたくさん浴びているんです。なぜだかわかりますか？　それは、ラッシュアワーのときにギュウギュウ詰めになりますよね。そうすると、隣の人から放射線を浴びているわけですよ。例えば、植物を食べた人は自分も放射線を出しているわけですね。だからラッシュアワーで、八人の人に囲まれるとすると、八人から放射線を浴びているわけです。そういう意味で、放射能は怖いなんて言ってられないわけですね。要するに、どこにいても放射線を浴びているってことがわかっています。

また、同じラドンでも、東日本と西日本では土の中に含まれている放射性物質の割合が違っていて、一般的に西日本の方が放射能は高いんです。だから西日本の人は東日本の人に比べて、放射線をたくさん浴びているのは確実です。でもそれは、死ぬほどの放射線ではないし、宇宙飛行士の放射線ほどでもない。

こういうことは、みんな知らないだけであってね、放射線っていうのはどこでも浴びているんだってことを頭に入れておいてくれるといい。あまり神経質になるような問題でもないわけ。

これが人間の老化の始まりで、その次にだんだん視力が衰えてきます。このようなことが三十代ぐらいまでに起こってきます。

後はいろんなことが起きます。例えば、心臓も悪くなってくるし、肺で呼吸する能力も悪くなってくるし、筋肉が落ちてくる。どれくらい落ちるかっていうと、二十歳から八十歳になるまでに、四割くらい低下すると考えられています。運動能力も、筋肉も、心肺能力も全部四割ずつ落ちてくると大体考えられています。となるとやはり、長寿かどうかにせよ、少しは鍛えておいた方がいいわけですよ。でも耳はちょっと鍛えることができないね。耳に何かを引っ掛けたりして、耳の筋肉を鍛えることはできるかもしれんが、ものを聞く能力っていうのは鍛えることができません。目も遠くを見れば鍛えることができるって昔から言っているけど、そんな毎日遠くを見ているわけにはいかんでしょう。だから目と耳はちょっとどうしようもないんだけども、心臓とか肺とか筋肉はトレーニングで鍛えられます。年をとって困るのは、例えば骨折をしたりして歩けなくなったりすることです。だから、二十歳を過ぎたら少しずつ鍛えておいて、そういうのを防ぐことが一番大事なことです。これは現実的に大事なことですので、ちゃんと覚えておいてください。

ところで、耳が悪くなるのは、一般に男と女でどっちが早いか知ってる？　男性の方が早いんです。これはもう生理的なことなのでしょうがないんですが、こういうところにも性差があるっていうことが明らかになっています。

また、動体視力って知っているかな？　例えば、電車がピューンと通り過ぎたときに、中にどういう人が座っていたかってわかると、動体視力がいいって言いますね。だから、例えば野球の選手なんか非常にいいわけですね。電車の窓に何か字を貼《は》っておいて、駅を通り過ぎるときにそれを読むっていうテストがよくありましたよね。それをやると、野球の選手が非常にいい成績をとる。こういうのを動体視力が非常にいい、というふうに言います。この動体視力は、私ぐらいの五十代になると圧倒的に落ちるというふうに言われています。だから、皆さんがわかるようなことでも、私にはわからないことが、どうもあるっていうことが明らかになっています。このように、老化ってもうどうしようもないことで、老化としてこういうことがあるってことをちょっと知っておいてくれるといいと思います。

それに比べて面白いのは、脳の働きって意外と落ちないんです。記憶力というのは意外と落ちないってことがわかっていて、一旦《いったん》覚えたことは七十歳、八十歳になってもずっと覚えているというふうに言われています。そういう面でも人間は非常に素晴らしい生物です。

寿命が延びる遺伝子

ということで、細胞の研究から活性酸素のことがわかってきたんですが、これはあくまでも細胞での話です。だから、やっぱり個体の研究をやらなきゃいけないということで、三番目として老化に関係する個体の研究が始まりました。普段寿命がこれくらいなのに、ある遺伝子変異で寿命が二倍くらいになったら、それは素晴らしいわけです。

もちろん動物を使った実験をすればいいんですが、サルを使った実験だと、サルは四十歳ぐらいまで長生きするので、時間がかかってなかなか研究できません。だから、寿命が短い線虫という生物を使って研究が行われました。線虫というのは土の中にいる虫で、顕微鏡でしか見えない小さな虫です。にょろにょろと動き回っている虫なんですが、学名としてかわいい名前が付いていて、C. elegans（Caenorhabditis elegans）って言います。これはラテン語ですが、みんなエレガンスってよく言っています。普通は雌雄同体で生活をしていて、たまに雄が出てきます。この線虫は寿命が二十五日くらいで、寿命の研究には非常にいい。この線虫で研究をやっていた人が驚くべき発見をしたんです。

ある遺伝子変異が起こると寿命が二倍になる線虫の株を見つけたんです。株というのは、例えばこの場合は遺伝子変異を起こして、ずっとそれから子孫も寿命が同じ二倍であるような線虫のことです。で、この株にdaf-2っていう名前を付けました。daf-2っていう遺伝子に遺伝子変異があると、寿命が二倍に延びるというわけです。これを聞いて意外とみんな「ふうん」と思うだけかもしれませんが、この研究は非常にインパクトが大きかったんです。いいですか、ある生物の寿命が急に二倍になるってありえない話ですよ。寿命が百歳の日本人が、二百歳になったっていうようなもんです。驚くべきことで、これによって研究がどんどん進んだんです。このdaf-2株の寿命は、何によるものなのかっていうことを調べていったら面白いことが見つかってきました。

その前に、他にも寿命が延びる株が色々見つかってきたんです。daf-12という株とか、daf-16という株が見つかって、これらの寿命は正常なんだけども、daf-2とdaf-12を掛け合わせると、なんと寿命が四倍に延びるということがわかってきた。つまり、元々寿命が普通の線虫の二倍であったdaf-2に、普通の寿命であるdaf-12を掛け合わせてやると寿命が四倍になった。人間が四百歳まで生きたようなもので、これは驚くべきことだ。こんなことがあっていいものかということで、このdaf-2の研究が始まったわけです。これがまず線虫の第一の話です。daf-2は何をやっているものなんだろうかっていうわけ。それが面白いことに結びついてきたんです。

寿命を延ばす方法

これと全く独立に、寿命を延ばす研究というのが行われていました。つまり、いろんな生物にいろんなことをやって寿命を延ばしていこうっていう研究です。そりゃ、みんな長生きしたいから、こういう研究をしたわけです。民間療法みたいに、例えばネズミに何かを食べさせたり、ネズミを一生懸命走らせたり、そういう研究を行っていたところ、全部の研究が一つに収斂《しゅうれん》してきたんです。つまり、寿命を延ばすにはカロリー制限がいい。大腸菌からサルに至るまで、すべての生物で食べる量を減らしてやると寿命が延びるってことがわかってきたんです。今まで、線虫の研究と寿命を延ばす研究は全く別の研究だと考えられていたんですが、それが一つに結びついたというお話をこれからいたします。

第４講義でもお話ししましたがこのカロリー制限は非常に面白くて、要するに食べるものを減らせっていうわけです。どれくらい減らすかっていうと、食べる量を今の七割くらいに減らすんです。ご飯を二杯食べるなんて絶対だめ。ファーストフードのハンバーガーもだめ、ラーメンもだめ。カロリーを七割にするということはとにかくすごく寂しい食事になります。毎日、パンを一個とサラダを食べるようなもんです。しかもサラダにはドレッシングをかけてはいけない。そんな食事を一生続けると長生きするだろうというわけ。

そうしたら、三年生きるマウスが四年生きた、つまり一・三倍になったわけですよ。そして一見元気である。ネズミだけではなくて、今サルでも実験しているんですが、この実験を始めたのが十五年ぐらい前で、今も他のサルに比べて動脈硬化などがなくて元気そうだというふうに言われています。でも、あと五十年くらい経《た》たないとサルの結果は出なくて、人間の結果にいたってはいつ出るかわかりません。でも、とにかくカロリー制限をすると非常に寿命が延びるということが言われていて、この研究とdaf-2の研究から、何か体の中の化学反応が寿命に効いているんじゃないかって話になってきたわけです。そこで一番最初に考えたのは、線虫のdaf-2が何をやっているかがわかれば、人間のこともわかるであろうということで、次のような研究が行われるようになりました。

人間にも寿命を延ばす遺伝子があるのか

daf-2に似た遺伝子がヒトにあるだろうか。もしdaf-2に似た遺伝子が人間にあって、その遺伝子が欠損すると寿命が二倍になるんだったら、今でも二百歳の人間がいてもよさそうだよね。でも、二百年生きる人間はまだ世界のどこにもいないということから、ひょっとしたらdaf-2に似た遺伝子はヒトには無く、線虫だけの話なんじゃないだろうか。このように最初は悲観的に研究が進んだんです。ところがヒトゲノムがわかったら、線虫のdaf-2に非常によく似た遺伝子がヒトで見つかりました。

線虫のdaf-2っていう遺伝子から作られるのは、こんなタンパク質でした。細胞膜の上に図４のように出ていて、何かを受け取るタンパク質だったんです。ところがヒトのは、daf-2によく似ているんだけども少し形が違っていそうであることがわかり、その遺伝子はIGF-1受容体というものを作る遺伝子だってことがわかりました。このIGF-1受容体というのは、daf-2と同じように細胞の表面

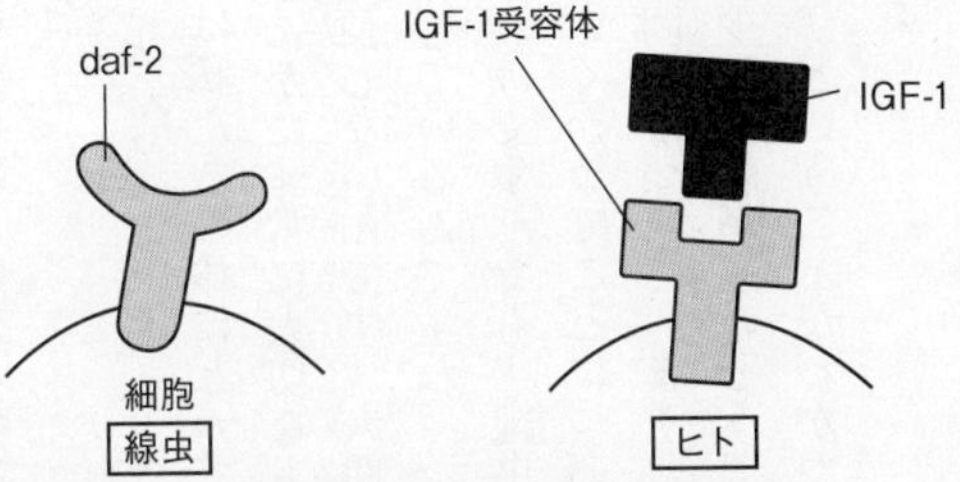

図４　daf-2とIGF-1受容体

に出ていて、かぎとかぎ穴みたいにぴったりくっつく物質を受け取るタンパク質だったんですね。受容体ですから、名前のとおり受け取る。その受け取る物質をIGF-1と言います。血液中にあるIGF-1を受け取る遺伝子だったんです。

daf-2遺伝子に異常があると寿命が長くなるわけです。ということは、正常なdaf-2は寿命を短くしているってことですね。一方、IGF-1は私たちの体にとって非常に大事なものです。後でわかったんですが、筋肉の成長なんかに非常に大切なものです。これに異常があると、多分人間の筋肉とかがうまく成長しないんです。人間の成長に必要でどうしようもないんだけども、多分寿命を短くしているんですね。だから人間の寿命は百歳くらいと決まっているんじゃないかってわけです。でも、線虫では長生きするってことがわかったけど、ヒトでも同じようにいくかってことについては、まだはっきりしないところがあって、現在はちょっと疑問符がついています。いいですか。よく似たものがあるんだけども、ヒトと線虫では少し機能が違いそうで、ヒトで長生きするっていうのは非常に難しいかもしれないな、ということがわかってきたんですね。

二つの研究の接点

今、IGF-1って難しい言葉を使っていますが、これはinsulin-like growth factor-1の略です。つまりこのIGF-1という物質は血液中に入っているインスリンに非常によく似たものなんです。この話がなぜ前に話したカロリー制限につながるかっていうと、カロリー制限をするとインスリンの機能が変わってくるんです。すべては、インスリンっていう物質がどうも寿命に効いているかもしれない、という話に収斂してきたわけです。

今回の話は二つあって、線虫でははっきり寿命が二倍になるけど、人間では寿命が二倍になるかはわからない。理由は、線虫と人間は全く同じものをもっているわけではないから。これがまず第一点。

じゃあ、人間がもっているIGF-1は何に効いているかっていうと、インスリンという物質の機能に非常によく効いています。また、カロリー制限でインスリンの機能が変わることもわかっています。これが第二点です。そうして全体の流れをみると、インスリンというものを上手に調節すれば、ひょっとしたら人間でも寿命が延びるかもしれない、というのが今の考え方になります。インスリンって昔からわかっているホルモンなんです。インスリンが足りないと糖尿病になったりするので、私たちの病気に非常によくかかわっているってことが前からわかっていました。それが、寿命にも関係している可能性があるってことが、だんだん明らかになってきたんです。

本当に寿命に関係しているか実験

じゃあということで、このIGF−1受容体をなくしたマウスを作ってみました。これは線虫でdaf-2に変異が入ったものと同じようなものなので、このマウスはひょっとして寿命が延びるんではないかと期待したわけです。結果はというと、IGF−1受容体をなくすと死に至るということがわかりました。つまり、このネズミは生きて生まれてこなかった。線虫と人間ではやはり違うんだなっていうことがわかってきたわけです。ところが、実はこのマウスっていうのは、二つある遺伝子の両方ともなくしたマウスなんです。遺伝子はお父さんとお母さんから一個ずつ、合計二つきているんでしたね。で、面白いことに、一個だけ遺伝子をつぶしたマウスは生き残る。しかも、このマウスは普通のマウスよりも長寿になるっていうことがわかってきたんです。これは面白い。やっぱり線虫と同じようなことが、ひょっとして起こっているのかもしれない。やっぱり線虫の話はあながち嘘《うそ》ではなかったということに少しずつなってきたわけです。

じゃあ、インスリンはどうか。もちろんインスリンをなくしたマウスは生きられません。インスリンも同じように、受容体に結合していろんな働きをするので、今度はインスリンの受容体をなくしたマウスを作りました。このインスリン受容体を全くなくしたマウスっていうのは非常に重い糖尿病になりますが、なくすのを脂肪細胞のところだけにすると、これも長寿になることがわかってきました。やっぱりインスリンはどこか寿命に効いているんですね。つまり、体全体のインスリン受容体をなくすと、ちゃんと生きられないんですが、ある一部分だけでなくすと長寿になることがわかり、このIGF-1という物質とインスリンという物質はどうも寿命に効いている、ということがわかってきたわけです。その調節が微妙なところなのではないか、というのが現状なんです。

もうちょっと頑張って、IGF-1とか、インスリンとかっていうのを上手に調節する巧《うま》い薬ができれば、もしかしたら長生きする手立てが見つかるかもしれないんです。ということで、今寿命を延ばす科学って、世界中の科学の中でもかなり話題になっているところで、二〇〇〇年以降の研究の大きなトピックの一つになっています。今までほとんどわからなかった寿命のことが、このようにはっきりしてきたっていうのが現状です。これははじめ線虫からわかってきたことですが、お医者さんの中には線虫が嫌いな人が多くて、「これは線虫の研究じゃないか、人間の研究にはこんなの関係ない」って、最初みんな馬鹿《ばか》にしていたんですね。でも、結果的に、線虫でのことが人間に非常によく関係しているってことが明らかになって、医学の発展に大きく寄与することがわかったんです。

最近の話題に「サーチュイン」というものがあります。これは、サーチュインという遺伝子を活性化すると線虫の寿命が延びた、という発見があり、ハエでも証明された、ということから話題になりました。また、赤ワインの中に入っているレスベラトロールという物質がサーチュインを活性化することから、赤ワインが身体《からだ》に良いという話になったこともご存じだとおもいます。ところが、最初に発表した研究者が、あれほどは効果がなかったと最初の結果を訂正し、ヒトでサーチュインが効いている証拠が皆無であることから、誰も信じなくなりました。

アルツハイマー病というもの

四番目。もう一つの寿命の研究は、病気の研究から始まりました。とにかく研究人口が一番多いのはアルツハイマー病の研究で、アルツハイマー病の研究をやっていくうちに、今の寿命の研究と全く別の新しいことが浮かんでまいりました。

老人痴呆《ちほう》というのは、今では認知症という名前で呼ばれておりますが、図5の中で認知症に当てはまるのはどれかわかりますか？　「テレビで見た人の名前を思い出せない」っていうのはよくありますよね。「何度も会った人の名前を思い出せない」というのは私もあります。学会に行くと、「こんにちは」とか言われるんで、向こうは僕のこと知っているんですね。そして親しく話をするんだけど、どうしても名前を思い出せない。そういうことはよくあります。

で、図5のうち認知症っていうのはどれかっていうと、下の三つ、「今朝、何を食べたか覚えていない」「家の場所を忘れる」「家族の顔を見てもわからない」です。逆に上の三つ、例えば「脳が普通の人より五%以上萎縮《いしゅく》している」というのは五十歳以上の人はほぼ全員です。四十歳を過ぎると、十年で五%ずつ萎縮していきますから、一番上はごく普通の老化です。また、「テレビで見た人の名前を思い出せない」「何度も会った人の名前を思い出せない」というのは二十歳くらいでもあることで、全

- 脳が普通の人より5%以上萎縮している
- テレビで見た人の名前を思い出せない
- 何度も会った人の名前を思い出せない
- 新しい技術が習得できない
- 自分自身忘れっぽいと感じ，周りも同様に思う
- 記憶テストの成績が悪くなる
- 今朝，何を食べたか覚えていない
- 家の場所を忘れる
- 家族の顔を見てもわからない

図5　認知症（痴呆）というのはどれか？

然問題ではありません。ところが、真ん中の三つ、「新しい技術が習得できない」「自分自身忘れっぽいと感じ、周りも同様に思う」「記憶テストの成績が悪くなる」という辺りは認知症の前段階になります。そのお話を少しいたします。

この認知症の研究から、やはり痴呆と老化は表裏一体だっていうことがわかってきました。ＭＲＩっていうので皆さんの脳の画像を撮りますと、先ほど言ったように、四十歳を過ぎると十年で五％ずつ萎縮してきます。しかし、途中から急に図６のように萎縮する場合があります。この場合一般的に、最後にさらにこの萎縮が非常に顕著になるという三段階で萎縮が進みます。老化による正常な萎縮から急激に萎縮が進む二段階目では、急に忘れっぽくなったなどのような症状が出ます。そういう段階を軽度認知障害と言います。英語でＭＣＩ（Mild Cognitive

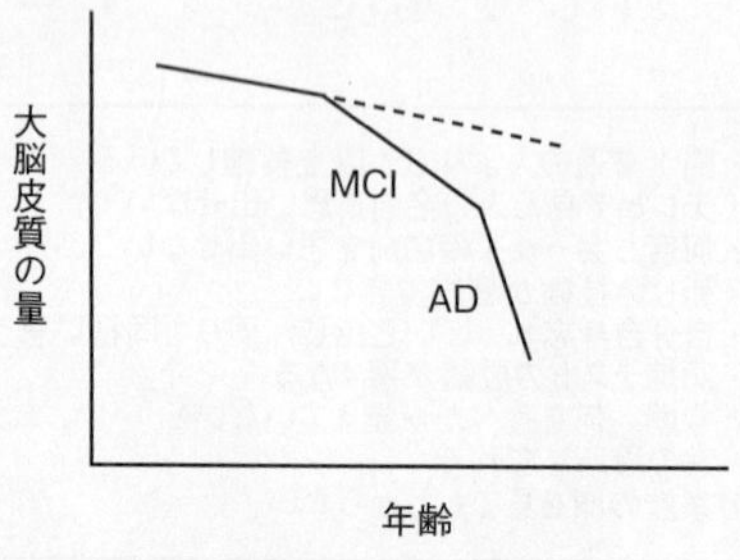

図６　脳の萎縮

Impairment）と言います。この軽度認知障害の段階を超えて、アルツハイマー病（AD：Alzheimer's disease）と言われる、家の場所もわからないとか、外を歩き回るとか、図5の一番下三つのような症状が出ると、一段とガタっと落ち、三段階目の萎縮になることがわかっています。すなわち、アルツハイマー病には前段階がある。アルツハイマー病になると、トイレが垂れ流しになったり、外を歩き回ったりしますが、その時間もだんだん短くなって、ついには寝たきりになって死んでしまいます。だから、普通の寿命と比べて、アルツハイマー病の寿命は非常に短いってことがわかっています。つまり、アルツハイマー病を研究すると、必然的に寿命の研究になるので、アルツハイマー病の研究は盛んになったんです。

アルツハイマーと判断する三つの基準

ところで、アルツハイマーになっているかどうかは、外から見たんではわからないんです。死んでから解剖して初めてわかる。これは非常に困ったことで、本当は外見でわかるといいわけです。脳に電極か何かを付けて、アルツハイマーだってわかれば非常にいいんですが、それがわからないところが一番問題なわけです。

アルツハイマーだと判断するためには三つの基準があって、まず脳が萎縮していること、次に、解剖をすると脳の中に老人斑《はん》というのが見えることです。これは、神経と神経の間に何か薄暗い変なものが溜《た》まっているためであることがわかってきていま す。もう一つは、神経細胞自体に神経原線維《しんけいげんせんい》変化という変なことが起こっている。この三つがアルツハイマー病の特徴になります。アルツハイマー病では、とにかくこの三つが必ず起こっていることから、これらの原因がわかれば老化の原因もわかるであろうと、研究が行われました。

今から二十年くらい前に初めてアルツハイマーの原因のひとつがわかりました。この老人斑というのはAβというタンパク質が脳の中に溜まっているんだということがわかってきたんです。一九八四年のことです。もう一つは、脳の神経の中に変な塊が見える。その塊が神経原線維変化と呼ばれているものなんですが、この塊の原因はタウっていうタンパク質が溜まっているためであることがわかってきました。そうすると、Aβかタウか、どちらかが病気の原因だってことがはっきりしてきたわけです。ここから、研究が急に進んだんですが、私の研究が関係しているのもこういうところです。

アルツハイマーと同じ物質が見つかった病気

亡《な》くなった人の脳を解剖してアルツハイマーかどうか調べるんですが、若い人が例えば交通事故で亡くなっても、普通は脳を解剖したりしないわけです。ところが、若いけど、ある特別な病気の人の脳を解剖したところ、アルツハイマー病の脳とそっくりの老人斑が見えたんです。そこでみんな驚いたわけです。何でこんなものが見えるのか。つまり、若い人でもAβが見えたので、それがなぜなのかっていうのが一番問題になりました。

その若い人というのはダウン症の人でした。ダウン症って皆さん知っていますか？　知的機能がそこなわれる人からそんなにひどくない人までいます。で、ダウン症の人の平均寿命っていうのは、二〇〇〇年を超した現在、ほぼ五十歳になりました。ところが、老人斑でAβが見つかった一九八四年の段階では、ダウン症の平均寿命は二十五歳だったんですよ。たった二十年で寿命が二倍になったという稀有《けう》な例です。何でこんなに寿命が延びたかっていうと、それは皆さんの理解とケアが非常によくなったからなんですね。昔はダウン症の人っていうのは、心臓病とかいろんなことで非常に早く亡くなっていましたが、今はそういう治療もかなりよくなりました。寿命が二倍に延びたっていう病気なんてほとんどないんですよ。ダウン症ぐらいです。これは医学が非常に進歩した例として、よく引用されますので、ちょっと知っておいてくださいね。

何が驚くべきことかというと、ダウン症の人では、先ほど言ったように非常に早い段階からAβが溜まってくるんです。普通の人でも脳の中に少しずつAβが溜まってきますが、それは五十歳くらいからで、七十歳くらいである程度溜まってしまいます。つまり、これは老化に応じて出てくるものなんですが、アルツハイマー病の人はこれが早くなっていて、ダウン症の人にいたっては十歳から溜まっているってことがわかってきたんです。これも交通事故で非常に早く亡くなった、ダウン症の人の脳を解剖して初めてわかったことなんですが、ダウン症というのは非常にアルツハイマーと似ているっていうことがわかりました。ということは、何か共通のメカニズムがあるに違いないということになったんです。ちょうど一九八〇年代半ばにこういうことが明らかになりました。

一・五倍の差

ところで、ダウン症の原因は皆さんご存知ですよね。第二十一番の染色体が三本ある。ということは、二十一番染色体にある遺伝子が普通の人よりも一・五倍活性化されているっていうことですよね。普通は二本あるところが三本ありますから一・五倍になります。つまり、ダウン症っていう病気は、普通の人のたった一・五倍何かが働くだけで起こる病気であるというわけです。四倍とか五倍だったら検出しやすいけど、一・五倍の差ってなかなか検出しづらい。何かがほんのちょこっと増えるだけで病気になるということがわかって、なるほど、これはなかなか難しい病気だなっていうことになったわけです。そこで、何が一・五倍になったのかが問題になったわけです。

その一つの候補がこのAβです。なぜかといったら、老人斑にはAβっていうタンパク質があるから。じゃあ、Aβは何だってことを調べてみると、実はAβってタンパク質は大きなタンパク質の一部であるっていうことがわかってきました。つまり、元々の遺伝子からできるのは非常に大きなＡＰＰっていうタンパク質であって、そのほんの一部がAβであることがわかってきました。そして、このＡＰＰの遺伝子は第二十一番染色体に存在するってことがわかったんです。ちなみに、タウの遺伝子は第十七番染色体にあります。つまり、アルツハイマーとダウン症の研究とで重なり合うのはAβである、ということがわかったんです。まとめますと、Aβの遺伝子は第二十一番染色体にあり、神経原線維変化の原因遺伝子は第十七番染色体にある。ダウン症は二十一番が三本あるせいだという状況証拠から、Aβの方がどうも怪しそうだということになったのです。

どうやって防ぐか

よく調べてみたら、皆さんの体の中ではAPPの途中が図7のようになっていることがわかってまいりました。正常で若い人ではAβの部分の真ん中が切断されて、Aβができなくなっています。でも、アルツハイマー病の脳ではそうではなくて、Aβの左側がまず最初に切断され、次にAβの右側が切断されてAβができているってことがわかってきたんです。体の中での化学反応の違いで、正常な人は左側の反応、異常な人は右側の反応になってAβができるっていうことがわかってきました。

結果的には、Aβができると神経細胞が死んでいきます。神経細胞が死ねば、やはりその個体の寿命も短くなる、とストーリーが全部つながってきたわけです。で、今研究ではこのAβを作らないようにする薬を作っていて、僕もそういう実験をしているんです。これが治療薬になると非常にいいわけで、僕が今作っている薬は、一番最初のAβの左側の切断を防ぐ薬

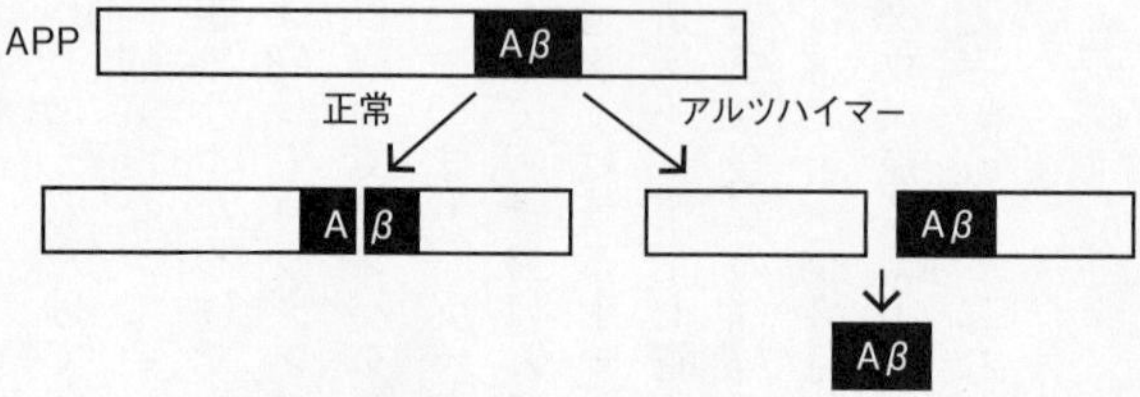

図7　APPからAβが切り出される

です。この段階を防ぐ薬を作ると、図７の反応は右へは行かなくなって、左へ行きます。そうするとアルツハイマー病にならないだろうっていうわけです。この薬が本当に効いてくれるといいんですが、アルツハイマー病のネズミに一年間その薬をやって、本当に効くかどうかを今見ている段階です。もし効けば、世界中の皆さんがそれを飲んでくれますから、私のところに少しくらいパテント料が入ってこないかな。一人につき一円ずつ入ってくれれば全部で七十億円ぐらいになるかな。でも、なかなかそううまくはいかない。

でも、Aβが一旦《いったん》できちゃったらどうする？　皆さんの脳の中に、もうAβができちゃっているかもしれないんですよ。そうしたら、できたAβをなくしてしまえばいいんですよね。一旦脳に溜まったAβをなくす薬っていうのも、もう考えられています。それはワクチンっていう方法で、外敵、例えば結核菌をやっつけるためにＢＣＧっていう結核のワクチンを使うのと同じことです。僕たちの研究ではAβをピーマンの葉っぱに作らせることに成功して、Aβをもっているピーマンというのができているんです。僕たちが作ったAβの遺伝子を、植物の専門家で東京大学の渡辺雄一郎先生がピーマンの葉っぱに作ってくれたんですね。そのピーマンを食べると何が起こりますか？　Aβは異物ですから、皆さんの身体《からだ》はそれに対して抗体を作ってくれます。抗体ができれば脳の中に行って、溜まったAβをその抗体がなくしてくれるはずなんです。これをワクチン療法と言います。そういうことができないかっていうのも今やっています。

この前、新聞にこれでアルツハイマーが治りますよって、ピーマンの写真が出たんです。本当に治ってくれるといいんですけれど、どうなるかまだわからないというような状況になっています。そのピーマンの葉っぱをまたネズミに食べさせているんですけど、一番の問題はネズミはピーマンが嫌いでして、今困っているところなんです。喜んでピーマンを食べてくれるといいんですけど、なかなか食べてくれないので、お料理をして食べさせたらいいかとか、いろんなことを渡辺先生と一緒にやっているところです。

つまり、アルツハイマー病の一番元になっているものをなくそうっていうのが今の研究の流れで、これをなくすことができてアルツハイマーの人が少なくなれば、平均寿命が飛躍的に上がるだろうと期待しているわけです。こういう研究はお医者さんじゃなくてもできるので、私たちの研究室でもやっているということをちょっと最後に宣伝しておきます。

寿命を延ばすには

年をとりたくない、長生きしたいってみんな思っているので、やっぱりアンチ・エイジングって大事な研究なわけです。で、寿命を延ばすにはどうしたらいいかっていうと、カロリー制限するとか、穀物とか果物・野菜をたくさん食べるとかっていうことです。他にも赤身の肉や動物性脂肪は少なめに、これはもういいですね。アルコールは控えめに。たばこはだめ。当然ですね。血圧を高くするのはよくないですよとか、アスピリンはいいとか。

あと一日三十分運動していますか？　一日三十分の運動というのは、だいたい二〜三キロ歩けってことです。これくらいは毎日歩かないと長生きはできない。そこで、例があって、四十歳から週三日、一日三十分の有酸素運動をすると、運動しなかった人に比べて二年長生きするっていう結果が出ています。これはもうはっきりしているんですね。二年も長生きするんだったら、やってみようかなと思いますか？　それとも、たった二年だったらこんなことやらなくてもいいかと思いますか？　実は、この二年というのは何に対応しているかというと、週三日、一日三十分ずつの運動を死ぬまでやるのに費やした時間と同じなんです。つまり、これから運動に費やした時間分だけ多分長生きできるでしょうっていうのが現在の結論です。だから、毎日三十分の運動で、毎日三十分ずつ長生きするか、それとも、それなら別に長生きなんてしなくてもいいやってなるかですね。でも、運動っていうのは、それくらいの価値があるってことも知っていてくれるとありがたいと思います。

コラム 強迫神経症の治し方

強迫神経症という病気があります。強迫神経症というのは、例えば、ドアに触るとき、誰か前に触ったやつがトイレに行って手を洗わなかったかも、なんてことを考えると、もういてもたってもいられなくて、手を洗わずにはいられない。で、ずっと手を洗っていたりする。そういうのを強迫神経症と言います。

他にも、泥棒が入ると考えただけで夜眠れなくなる。普通の人は気になるだけなんですが、強迫神経症の人は鍵《かぎ》がかかっているかどうか確かめずにはいられない。家のドアを全部チェックした後、ベッドに入って寝ようとしても、ちゃんとチェックしたかまた気になって眠れなくなる。そして、もう一回起き上がってチェックしに行くというふうに、強迫的な考えが何度も浮かんできて、それに対して行動を起こしてしまうという病気です。ひどい人は会社にも勤められなくなって、外にも出られなくなるという、精神疾患の中でも大変辛《つら》い病気なんです。ところが、その治療ができたというニュースがあって、意外と面白いなと思ったのでちょっとお話をしたいと思います。

それをどうやって治したかというと、Deep Brain Stimulation という方法です。脳の深部に強迫行為を司《つかさど》る側坐《そくざ》核《かく》という、大きさで言うとピーナツぐらいの場所があるんですけど、そこにピンポイントで針を入れて電気刺激するんです。そうすると治ったって例が結構たくさん出た。今まで治らないと思われていた病気が治るというニュースが出ていて、これはいい話だと思いません？

ところが、これには大問題が一つ潜んでいるんです。嫌な考えを防ぐことができるから、ＰＴＳＤとか、他の症状にも使えそうですね。だけど、よく考えてごらん。人の考えを変えることができるっていうわけですよ。もしそれを悪用されたらどうなると思います？　昨日まで一生懸命勉強をしたのにパッと忘れてしまうとか、そういうことが起きる可能性があるわけです。つまり、マインドコントロールみたいなことがひょっとして可能になるかもしれないということで、こういう結果には非常に注意をしなきゃいけない。みんな強迫神経症が治ったというニュースに目が行って、あまりそういう大事なことに気が回らないんですけれど、実際そういうニュースの陰にはこういう問題があるっていうことをよく知っていてくださいね。だけどすごいね。研究が進んでこういうことがどんどんできるようになったというお話です。

Q＆A　質問タイム

学生A　ＡＰＰからAβができる反応がよくわかりません。

石　浦　正常な人ではAβの真ん中が切断されるんです。だからAβが溜《た》まらないんですが、アルツハイマーの人はこの真ん中が切断される反応に行かずに、Aβの両端が切断される反応に行って、それが脳の中に溜まるんです。なぜそうなるのか、どっちの反応に行くのかどうやって決まるのか、わかってないんです。だから、反応をAβの真ん中が切れる方へ、上手に行かせることができれば、治療ができるはずですよね。それが今問題になっているんです。

＊

学生B　寿命が延びる株っていうのは何ですか？

石浦　株っていうのは、ある遺伝子変異があったとき、その変異のあるもの同士を掛け合わせると、その子どもも同じ変異がある。それがずっと続くっていうのを株って言うんです。つまり、寿命が二倍になった線虫の株と言ったら、一匹だけが寿命が長いんじゃなくて、そういうもの同士を交配すると、また子どもがいっぱいできるんだけど、その子どももみんな寿命が二倍なんです。そういう一定の遺伝子変異をもっている生物のまとまりのことを株っていうんです。正常の場合は正常株って言って、普通の寿命の株です。daf-2に変異が入った株はdaf-2変異株って言って、その子どもはいつでも寿命が二倍になるっていうわけです。変異のある遺伝子の名前を付けて、その遺伝子変異をもっている生物全体を株というふうに呼びます。

第9講義

第9講義　脳と意識のからくり

今回の講義のしめくくりは遺伝子ではなく「意識」にしました。それとともに、「科学」というものの考え方についてもお話ししたつもりです。学生さんの一人でも、将来、このような方面の研究者になってほしい、と思ったのも事実です。

今回は皆さんがあまり考えたことがないような話をしてみたいと思います。どういう問題が一番難しい問題かというと、皆さんが今何を考えているかとか、そういうものをどう理解したらいいかってことが、多分一番難しいんです。

他の動物と違って、人間だけがもっているものは何かっていうと、高次の意識です。この、自分が自分である、他とは違う、という自己意識っていうのはどうやって出てくるんだろうか。そのお話を、今回はしたいと思います。

意識の所在を定義

この研究はなかなか答えが出ないんですけれども、まず、君たちが自分は自分であると考えている場所は、脳の中にあるんだろうかってことを考えてみましょう。脳の中に、もしそういう場所があったら、それは他の動物でも保存されているんだろうか。もし保存されているんだったら、他の動物にも意識があるはずで、イヌもネコも、自分と他のものは違うっていうことを意識しているはずなんです。

そういう研究が今どこまで進んでいて、実際これから解明できるんだろうか。それとも解明するのは無理なんだろうか。人が何を考えているのかっていうのは、他人がわかるものではない、という人もいるわけです。そうすると、研究すること自体不可能なのか、そうではなくて可能なのかっていうことをお話ししたいと思います。本書を読んでみて、これだけはわかんなかったって講義、一つくらいあってもいいかなと思って、今までの知識を総まとめして、この意識について少し勉強してみたいと思います。

意識の研究の一番源は何かっていうと、人間の精神っていうものは、どっから出てくるんだろうかっていうことです。それは神がつくったものである、と言ってしまえば簡単なんですけれども、そうではなくて、人間の精神はニューロンのインパルスそのものであるという仮説を、まず立てましょう。これ自体疑う人もいて、人間の精神は人間には宿っていなくて、どっか訳のわからないところにあるっていう人もいますが、精神はニューロンのインパルスだという仮説を正しいと仮定して意識の解明をしていきましょうというわけです。脳の働きによって人間の精神ができている、ということがもし正しいならば、どういうことが言えるんだろうかっていうのを、今回はお話しいたします。

そう考えると、ニューロンのインパルスがなくなった人は、意識がないわけですね。例えば植物状態の人っていうのは、息はしているけれども、意識がないわけです。意識がないっていうことは、大脳のどこかがおかしいわけで、それが人間の精神であるというふうになります。

「意識」を研究する手だて

じゃあ、意識とは何ですかっていうと、いろんなものが意識に相当するわけです。そして、この研究は非常に難しい。例えばものを考えるっていう思考の研究をやろうとすると、誰が何を考えているかを、ちゃんと調べる手だてがないといけないわけです。皆さん、隣の人が何を考えているかわかりますか？　何かおやじギャグを言おうと考えているとか、顔を見てだいたい想像がつくかもしれませんが、実際は、朝何を食べたっけって考えているかもしれないわけです。「私は今、おやじギャグのことを考えています」って、口ではそう言っているけど、違うことを考えているかもしれない。つまり、思考ってものを題材にする限り、今科学的に正しくそれを議論する手だてがないわけです。

となると次は、感情の研究はどうか。感情っていうのは、動物ももっているし、人間ももっている。すべての高等動物は感情をもっていますから、喜怒哀楽の研究をやるといいんじゃないかって人がいます。そうじゃなくて、こういうのは動物ももっているから、人間だけがもっているようなものを研究しなきゃ駄目だって言う人もいるわけです。人間だけがもっている典型例が自意識と呼ばれるもので、「自分が」っていう意識は、多分人間だけがもってるんではないかと考えられています。

まだ研究の題材はいっぱいあって、苦痛っていうものも意識の一つです。針で刺せばどんな動物も痛がるので、苦痛っていうのはすべての動物がもっています。だから、この苦痛のメカニズムを調べることで、意識がわかるんじゃないかって人もいるわけです。ところが、痛いっていうのは確かに意識の一つかもしれないけど、それじゃあまり面白くない。じゃあ、それ以外で研究しやすいのは何だろう。一般的に研究しやすいっていうのは、やっぱり動物実験もできて、しかも確実にわかるものですね。感情の研究っていうのは、例えばウマがニッて笑っても、あれは本当にウマが笑っているのか、ただ口を開けているだけなのかわかんないわけです。

イヌとか、ネコを飼ってる人は知っていると思うけど、しっぽを振って寄ってくるときは喜んでいるわけです。こういう喜んでいるとか、怒っているという、はっきりした感情はわかるけど、微妙な意識っていうのは、やっぱり動物では非常に研究しづらい。ということで、すべての研究はあることに集約されていきます。

脳のどこで見ているか

意識の研究で一番クリアカットに研究できるものは、多分視覚の研究だろうと考えられています。物が見えるってことは、どんな動物でも同じです。見えているか、見えていないかってことを研究すれば、脳の回路の研究になります。しかも、見えているか、見えていないかってことは実験できるわけです。動物に針を突っ込んで電気刺激したりすることによって研究が可能なので、意識の研究で一番よく進んでいるのは視覚の研究です。今回は、その一端をご紹介して、意外と研究っていうのは素晴らしいもんだなってことが、おわかりいただけるとありがたいと思います。

ここで、人間の脳の絵を描きます。図1は左を見ている人間の脳を縦に切って、真横から見たときの絵です。そうすると、中央に左右の脳をつなぐ部分が見られ、その下辺りを視床と言います。この視床の近くに、視床下部、脳下垂体っていうのがあって、そこからいろんなホルモンが分泌《ぶんぴつ》されます。また、小脳と呼ばれる部分は、下の後ろの方にあります。そして、目は当然前方にあって、図のような感じになっているわけです。で、例えば皆さんがものを見ているっていうのは、脳のどこが感知しているかというと、視床を通って、脳の一番後ろのところで皆さんはものを見ているっていうふうに言われています。そこはV_1、V_2、V_3、V_4、V_5という領域があって、脳の後頭葉にあるこの領域を視覚野というふうに呼びます。ＭＲＩって機械を使うと、黙って物を見ているときは、脳の後ろの方がピカピカ光って、そこで神経が動いているってことがわかります。

　そこで、面白い実験をしたんです。ＭＲＩよりも電極を突っ込んだ方がきれいにわかる

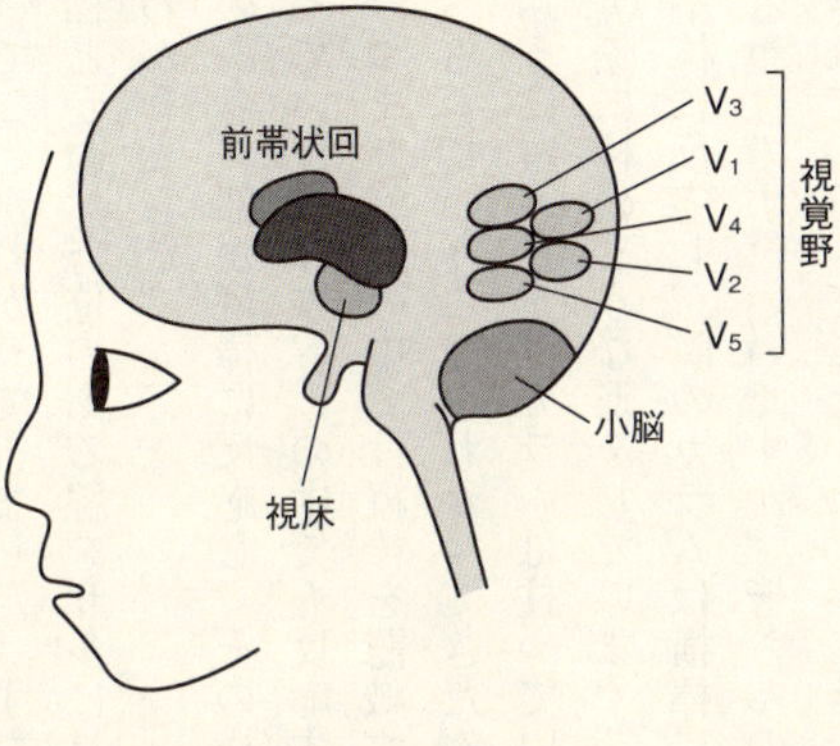

図1　視覚野

んですが、人間の場合はできませんから、サルを使って実験をしました。そうしますと、面白いことがわかった。まず、サルに縦棒を見せる。縦の棒が並んでいるような図形をサルに見せると、V_1っていう領域が光るってことがわかってきました。すなわち、方位のある線、縦棒とか、斜め棒とか、横棒とかね。方位のある線をサルに見せると、V_1の神経細胞が反応するっていうことがわかりました。

で、V_1って広い領域なんですが、そのV_1の中のある一部が縦棒に反応し、その横は斜めの棒に、さらにその外側は横棒に反応するっていうふうに、V_1の中でも反応する場所が違うっていうことがわかってきたんです。つまり、脳の中では縦棒を認識する場所と、横棒を認識する場所は、別のところにあるっていうことがわかってきたんです。そのそれぞれの場所のことをカラムというふうに言います。カラムは柱っていう意味なんですけども、カラムには深さがあり、実際に柱のような形をしています。つまり、ある一つのカラムの中にある神経細胞は縦棒に反応し、隣のカラムは横棒に反応するっていうふうに、カラム構造をとっているわけです。いいですか。皆さんの脳の中では、違うものはそれぞれ別の部分で認識されているってことがわかってきたんです。

色と動きは別々のところで見ている

で、研究はさらに面白くなっていきます。さっきの縦棒と横棒は白黒での話なんですが、次に明るい色を見せたんですね。そうすると、V_4っていうところが反応することがわかり、皆さんの脳には色を判定する場所っていうのがある。さらに、図形を動かすと、動きに反応してV_5っていう場所が光ってくるっていうことがわかってきました。つまり、皆さんの脳では方位と、色と、動きが、別々の場所で認知されているっていうことが明らかになったわけ。

そうすると皆さん、変だなって思いませんか？　例えば、私が白黒の服を着ていて赤いものを持って動いていると、「ああ、赤いものと一緒に石浦が動いているな」ってわかりますよね。でも、皆さんの脳で別々のところが、赤い色と、動いているものとを認識しているわけです。赤色だけが違うように認識されることってありますか？　例えば私が動いているとき、服がある身体《からだ》だけがどっかに置かれてって、赤色の部分だけが動いてきたってことはないですよね。みんな一つになって動いていますよね。ということは、皆さんの脳では別々のところで認識しているけども、それらがどこかに集まって私を見ているわけですね。その集まっている場所はどこでしょうかっていう問題が、いわゆる脳の一番大事な問題です。人間の脳では、色々な情報を統合している場所があるのだろうか。答えはノーなんです。ないんです。もし、V_1、V_4、V_5からの神経が、ある場所に集まって私の動きを見ているとすると、その場所が脳卒中になった人は、私が見えないはずです。でも、そんな人はいないんです。つまり、ある場所が脳卒中になって、動きも色も、全体がわからなくなった人ってどこにもいないんです。だから、人間の脳は、どっか一つのところで集めて見ているんじゃないんです。皆さんは一カ所で何かを見ているんではなくて、別々の箇所で、別々のものを認識しているってことを知っておいてください。

動きが見えない

とすると、皆さんはどうやってものを見ているんでしょう。これが、哲学の問題でもあり、今回一番の問題であります。答えはあるんです。脳科学の最高の問題として提起され、現在だいたいの答えが出ているっていうところをご紹介したいと思います。

V_4が脳卒中で働かなくなった人っていうのは、色が見えないんです。だから、色はここで認識されているってことは明らかです。では、V_5に脳卒中があった人はどうなるか知っていますか？　脳卒中でV_5が壊れた人は動きがわからないんです。動きがストロボみたいに見えるんです。例えば、そういう人が信号を渡るとき、どういうふうに見えるかっていうと、向こうから来る車が、最初遠くにいたのに、急に近くに出てくるように見えるんだそうです。だから、こういう人は信号を渡りにくいわけです。動いているものの、ある一場面は見えるけど、スムーズに動いているのが見えなくて、自動車が突然目の前に来たように見えてしまうので、非常に困る。また、急須《きゅうす》でお茶を注いでいるとき、その人はどういうふうに見えるかっていうと、出るお茶が木で作ったアーチのように見えるんです。動きが見えない。全く止まって見えるんだそうです。だから、茶わんからお茶を溢《あふ》れさせてしまうので、急須でお茶を注ぐこともできない。そういう病気の人がいるんです。ということは、動きっていうのは、V_5一カ所で見ているってことがわかりますね。

要するに、人間の脳っていうのは、すべてばらばらに認識しているんだってことが、この視覚の研究から明らかになりました。ここは大事なことですから、覚えておいてくださいね。少しずつ歴史を紐解《ひもと》きながらお話をしていきますけれども、動きを規定しているV_5って場所とか、色を規定しているV_4って場所がある。これはかなり確実なんです。

そこで、面白い研究があります。サルにはいろんなことを教えることができますよね。例えば、動いている自動車を見たときにボタンを押したら餌《えさ》がもらえるようにすると、動いている自動車を見たらボタンを押すっていうのを覚えるわけです。それで、このサルのV_5の場所を電気刺激したんです。そうすると、何が起こったと思います？　そのサルは、動いている物を認識して、ボタンを押すってことができなくなったんです。つまり、このV_5を人工的に電気刺激すると、動きがわからなくなったわけです。

　こういう研究からも、やはりこのV_5は動きを見ている場所であろうというふうに、決着がついてきている。つまり、人間もサルも、ある特定の場所で、特定の意識が探知されているっていうことを、まずしっかり覚えておいてください。

意識とは何か

　方向とか、動きとか、色の認識は、別々の箇所で処理されている。しかも、一つの領域に集めて、そこで合成しているのではない。ここが問題で、そういう合成の場所っていうのは、昔デカルトっていう人が神様のいるところだって言ったんですが、実はわれわれの脳の中にそういう場所はないっていうことがわかったんです。となると、解答は何だい？　皆さんがものを見ているっていうのは、脳のどこで見ているんですか？　ある一カ所で見ているんではないとすると、考えられるのは一つしかありません。

それは、この三つの領域が情報をやりとりしていると考えるしかありません。どこかに送っているんではなくて、三つの領域が同時に情報をやりとりしている。つまり、神経がやりとりしているっていうことが、意識なんだよね、多分。各領域間のやりとり、つまり、情報のやりとりです。私たちの脳のいろんな場所がお互いに話し合っている。そうすると、いろんな意識がそこで発生してくるんではなかろうかというのが、現在の考え方です。

でも、不思議ですね。方向と、動きと、色は別々のところで認識されて、ぴったんこ一致して、皆さん見えているわけです。非常に不思議だと思いませんか。色の付いた服だけがちょっとずれて見えるってこと絶対ないでしょう？　全部同じように見えるってことは、確実に情報のやりとりがそこにあるはずなんです。では、そういう証拠があるだろうかってわけです。

自意識がある場所

で、面白い話があって、もう亡《な》くなったんですけども、昔ＤＮＡの構造を発見したワトソン＆クリックのクリックって人が、「人間の自意識はどこか特別なところにある」って言ったんです。なぜそのようなことを言ったかというと、ある患者さんがいたんです。脳卒中を起こして、ボーッとして何もしないという患者さんが見つかったんです。つまり、その患者さんは、意欲もない、何も動こうともしない。で、治療をしたら、うまいこといって治ったんです。治った後、患者さんに聞いたんですね。「あなたはなぜあのときボーッとしていたんですか」って。そしたらその患者さんは、「あのとき私は自分という意識がなかった」っていうふうに言ったんです。「今私は私の手を動かしている」とか、そういう意識がなくて、自分が自分でないような、つまり、自分っていうものを意識できなかったっていうふうに言ったんです。

じゃあ、その患者さんの脳のどこに異常があったのかというと、脳の中の方の部分、前帯状回と呼ばれている部分が脳卒中を起こしていたんです（図1＝333頁《ページ》）。で、症状が治ったときには、そこが治っていたもんですから、クリックは、この前帯状回って部分が自意識の場所であるっていうふうに、最初規定しました。

みんなびっくりした。自分が自分ではないっていうような患者って滅多にいなくて、そういう患者さんの脳卒中の場所が前帯状回というところだった。だから、そこが自意識の場所である、という理論が出て、以前はみんな非常にそれを信じたんです。でも、残念ながらそういう患者さんは一番最初の一人だけで、誰も同じことが証明できなくて、前帯状回が自意識の場所かっていう話は、何となくうやむやに終わってしまいました。その他に自意識の場所があるっていうのも、なかなか見当たらなかったんです。

結局、視覚の研究から、とにかく神経が回路を作っている場所が意識だろうという新しい考え方が出てきて、自分が自分であるという意識の場所があるっていうのは、やっぱりちょっと違うのではないかってことになってまいりました。

理性のある場所

では次の話に行きます。次は、意識の問題にどう世間の人がアプローチしたかっていう例をご紹介したいと思います。ご紹介する話は何十例も同じようなことがあるわけではありません。だから、そこから何かを決めつけるのは色々問題がありますが、ちょっと一番最近の例からご紹介していきたいと思います。

一つ目はサイコパスと呼ばれている人です。このサイコパスと呼ばれている人は、悪いことをしても、自分は悪いと感じないっていうような人です。平然と相手にブスッと包丁を刺したり、人の物を盗んでも悪いと思わないっていうようなタイプの人がいます。そういう人の脳を見た例が、色々報告されております。日本ではなかなかこういう研究はできないんですが、アメリカでは、そういうふうにして捕まった人の脳に、どのような異常があるかっていうことを調べているんです。サイコパスと呼ばれる人は、特に善悪の判定がほとんどできない。善悪の判定っていうのは、理性の問題だよね。これはしちゃいけないことなんだっていう倫理観念は、普通小さいときに教えられ覚え込むはずなんです。しかしどうも、そういう倫理観念が入らない人もいるらしい、という例が色々報告されています。

本にも出ているんですけれども、一番有名な例は、小さいときに交通事故を起こして頭を打った子どもの例です。その子どもはその後、お母さん、お父さんから見るとなかなか育てにくくなって、やっちゃいけないこととか、やっていいことを教え込んでも、なかなかそれを覚えませんでした。で、その子どもは大きくなって、どういう子どもになったかというと、例えばお兄ちゃん、お姉ちゃんの財布からお金を盗むとか、学校へ行っても人と仲良くできないとか、そういう子どもになりました。その子どもが二十《はたち》くらいになったとき、とうとう事件を起こして警察に捕まったわけです。

コラム　脳の問題と脳研究の問題

サイコパスの話は、非常に大きな問題を抱えていて、例えばアメリカでは、犯罪を犯す人っていうのは、教育をちゃんとやれば元に戻るって考え方と、脳がおかしいんだから二度と元へ戻らないって考え方があって、一旦《いったん》犯罪を犯したやつは永久に牢屋《ろうや》に閉じ込めてしまえって考え方もある。

例えば放火。放火するっていう犯人は、何度も、何度も、再犯を犯す可能性が非常に強いわけです。そういう場合、日本では、そういう人をちゃんと教育して、放火をしないようにするべきだっていう考え方が優位なんですけれども、ある国では、そういう人はもう二度と犯罪を犯さないように、永久に牢屋に閉じ込めてしまえ、なんて考え方もある。特に、脳機能がおかしいってわかった人は、もう無理だからそのまま閉じ込めてしまえって考え方もあって、それはさすがにまずいだろうっていう人もいて、そういうところが今少し議論になっています。こんなことも、ちょっと知っておいてください。

つまり、心の研究をやると、最終的に、心っていうのは脳の機能に還元されて、脳が元々違うんだったら、もうどうしようもないじゃないかって考え方も出てくるわけです。こういう研究っていうのは、なかなかちょっと難しいことがあるっていうことを、おわかりいただけたらと思います。

どうもおかしいと。善悪の判定がどうもできない。そこで、その人の脳を見たところ、前頭葉の一部に少し欠けている場所があった。脳の一部が欠けているっていうのはなかなかないので、サイコパスなどの犯罪を犯した人たちの研究の例が多いのですが、こういう例が色々報告されるようになりました。つまり、前頭葉のある特定の部分っていうのは、理性っていうものに関係しているんではなかろうか、ということになってきたわけです。

ところで、脳は外から見るとしわが見えます。第6講義でもお話ししたように、ブロードマンっていう人が脳の地図を作って、そのなかで前頭葉には8野、9野、10野、11野という名前が付いている部分があります。先ほど問題になった善悪の判定ができない人というのは、特にこの8から11の部分の萎縮《いしゅく》が非常に顕著であるということがわかったんです。後頭葉とか側頭葉にはそういう部分はなくて、あくまでも萎縮しているのは前頭葉にあったんです。このことから、私たちの理性っていうものも、ある特定の部分が規定しているんではないか。特に、この例では前頭葉が問題になったわけです。

判断する場所

こういう例ではもう一つ、フィニアス・ゲイジの話が非常に有名です。これは今から百年以上前の話なんですけれども、フィニアス・ゲイジという人は、脳に鉄棒が突き刺さったんです。そしたらその後、性格が一変したっていう例です。このフィニアス・ゲイジは鉄道作業員で、実際鉄道では非常に信頼できる人でした。二十五歳のある日、工事現場を見回っていたんですが、そのときダイナマイトが間違って爆発して、近くにあった鉄棒が顔に向けて飛んできた。で、顔にガーンと当たって、顔を鉄棒が突き抜けた。どう突き抜けたかっていうと、先ほどの11番から8番に向けて図2のように鉄棒が突き抜けたわけです。左目の下から鉄棒が入って、左の頭に抜けた。つまり、人間の脳を幅三センチ、長さ一メートルくらいの鉄棒が突き抜けてしまったんです。でも、鉄棒が突き

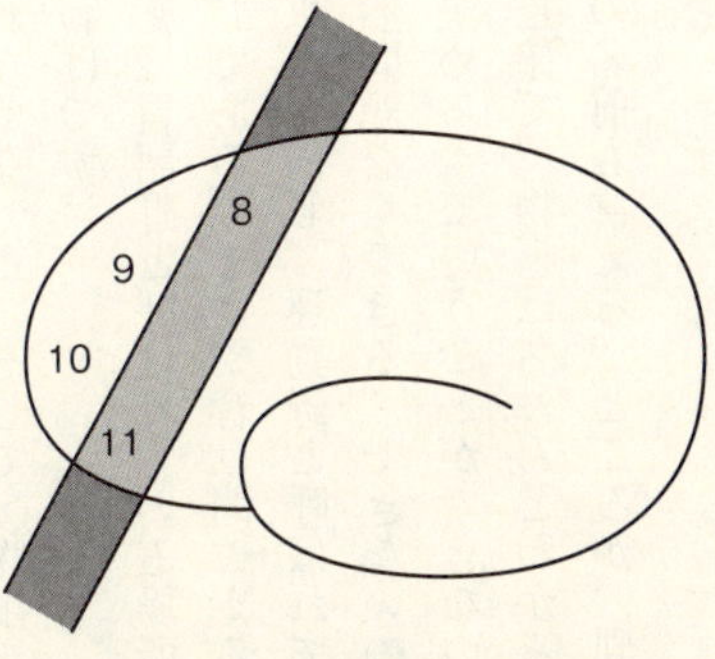

図2　脳を突き抜けた鉄棒

抜けても、ちゃんと生き残ったんです、その人は。熱が出て、感染症もひどかったんですが、生き残ったわけです。非常に稀《まれ》な例です。

で、生き残った後、何が起こったかっていうと、非常に信頼でき、責任感があったこのフィニアス・ゲイジという人は、一切約束を守れなくなった。そして、物事を決断することができなくなり、理性がなくなってきたわけです。

ところが、この鉄棒が突き抜けた以外の場所、例えば言語野と呼ばれている場所は保存されているので、しゃべることは以前と全く同じである。また、音は聞こえるかっていうと、聴覚野も全く無事なので、聞くことも以前と同じ。運動野と呼ばれている部分も保存されているので、体を動かすことも全然問題なくできる。できないのは何かっていうと、判断ができない。決断だ。何かを決めるっていうことができない。また、責任感っていうのが全くなくなった。記憶は正確で、物事はちゃんとわかる。1+1=2であるってことはわかるし、昔の大統領の名前も言える。ところが、判断ができないわけです。

ということは、判断する場所というのはここだっていうことがわかりますよね。でも、そんな単純なことだけじゃなくて、これからわかるもっと大事なことがあります。このフィニアス・ゲイジっていう人の例からわかったことは、決断っていうのは過去の知識だけではできない、ということなんです。過去の知識を使って現在何をすべきか決めるっていうのが決断ってことだよね。だから、決断っていうのは知識ではないんだ、ということが初めてわかった例なんです。つまり、記憶とか知識っていうのは、脳のもっている大事な力の一つなんですが、それを使って、今何かを決めなきゃいけないという決断とか、責任っていうのは、もう一つ高次の能力なんだね。そういうことだけができなくなったわけです、このフィニアス・ゲイジっていう人は。ということは、人間の前頭葉の特定の部分では、決断とか判断という、記憶よりももう一段高次な機能を司《つかさど》っているってことがわかります。

この判断とか決断ができないという、大きな病気があります。統合失調症という病気です。以前は精神分裂病と言っていましたが、この病気の人は正常な判断ができないんです。過去の知識はちゃんとある。だけど、状況に応じて、的確に、その知識を使うことができないわけです。そして、同じような部分に萎縮が認められるってことがわかったんです。このことからも、このような人間の能力の非常に大切な部分っていうのは、脳の一部が規定しているっていうことが明らかになりました。

もう一つのアプローチ

そんな難しいこと言わないで、意識の研究をするならもっと簡単に、寝ているときと、起きているときを比べたらいいんじゃないかって考え方もあります。つまり、寝ているときは意識がないわけです。起きたら意識があるわけです。その差はどこなのか調べたら、意識というのがわかるんではないかっていうんで、この覚醒《かくせい》の研究が行われています。

そこで皆さん、人が薄目を開けて寝ているっていうの見たことありますか？　で、その薄目をよく見ると、目玉が右へ行ったり左へ行ったりしている。この、目を動かしているっていうのをレム睡眠と言います。レム睡眠っていうのは、rapid eye movement の頭文字を取った読み方で、目を速く動かすっていう意味です。このレム睡眠のときに起こすと、「私は今夢を見ていました」なんて言うので、レム睡眠のときが、多分夢を見ているときじゃないかっていう説があります。でも、この夢ってことに関してはなかなか難しくて、その人が本当に夢を見ていたのか、嘘《うそ》を言っているのか、なかなか判定できないわけです。起こすと、「あ、何か非常に怖い夢を見ていました」って言う人、よくいるんです。でも、その怖い夢を見ていたっていうのは本当のことか嘘なのか、皆さん判定できます？　夢の研究っていうのは、ある意味で研究者が話を作っているって可能性もあって、本当の科学の研究とは言えないわけです。つまり、判定できない、実証できない研究なんです。

だけど、何らかの夢を見るってことは、多分正しいだろうということで、夢を見ているときに脳はどうなっているかを見た研究があります。脳の中に電極を突っ込んで、レム睡眠をしてるときにどうなっているかを見たんです。そうすると、こういうことがわかってきました。

意識のある場所

皆さんの大脳で、一番外側の大脳皮質は神経細胞の層になっているんです。第一層から第六層までの六つの層になっていて、二層と三層はあまり区別がつかないんですけれども、それぞれ神経が集まっているので層に見えます。一番大きな神経

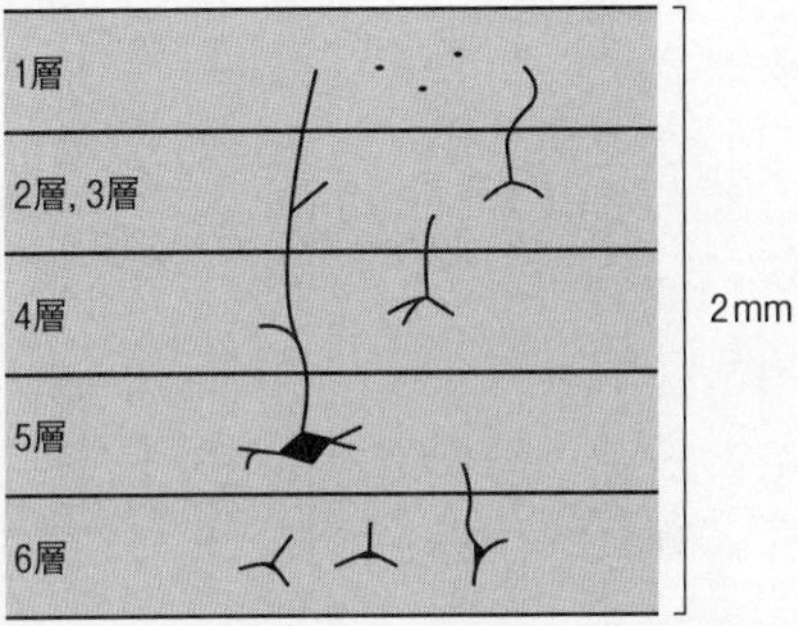

図３　大脳皮質

細胞は、第五層に存在していて、それがいろんなところに枝を伸ばしている（図3＝349頁《ページ》）。ちなみに第一層にある神経細胞は、非常にちっちゃな神経細胞です。また、二層からは、一層の方に神経が伸びていたり、四層の細胞も同じように三層につながっていることがわかっています。そして、第六層にもちっちゃい神経細胞が色々ある。脳の表面のほんの二ミリくらいのところが、このような層になっているんです。で、この層のところに電極を突っ込んで、寝ているときと起きているときでは、どの神経が働いているかっていうのを調べた研究があります。意識があるときに働いている細胞はどれかってわけです。

そうすると、起きているときは下層の細胞の方が、上層の細胞よりも強く働いているってことがわかってきました。つまり、私たちが起きて意識があるときっていうのは、四、五、六層の細胞の方が働いている。一方、寝ているときはというと、もちろん働いてなきゃ死んじゃうからね、少しずつ働いているんですが、満遍なく働いてい

コラム　なぜ夢を見るのか

色々な人に聞いてみたら、夢を全く見ない人と、よく夢を見る人がいて、そ

れはどこが違うか全くわかりません。で、夢をよく見る人でも、いつも同じ夢を見る人だったり、日によって楽しい夢を見たり嫌な夢を見たりする人がいます。だけど、夢では、なかなかその人の脳について解明できないってことはもう明らかなので、今では夢の研究っていうのは下火になりました。

で、夢は何のために見るかって、色々な説がありますが、一つは脳に入っている要らない知識を捨て去るためじゃないかっていう、クリックの説があります。それはそうかもしれないね。今日覚えた知識は、全部が明日保存されているわけではありません。要らないものは皆忘れちゃうわけです。どうやって人間は、要らない知識を忘れるんだろう。もしかしたら、寝ているときに要らない知識を捨て去ってるんではないか。その捨て去る途中に、夢っていう形で認識してるんではないかっていう可能性が指摘されています。これ、正しいかどうかはわかりません。

だけど、人間っていうのは、あまり何でもかんでも覚えているわけにはいかないのです。確かに要らないものは捨て去らなきゃいけないので、それが夢だっていう考え方は、なかなか面白いかもしれません。

るんです。ということで、この研究から何がわかったかっていうと、上層の一、二、三層っていう細胞は無意識のときに対応し、下層の四、五、六層の細胞は起きているときの意識を規定している細胞ではないか、というわけです。レム睡眠のときは意識があるときに近いと言われています。ということは、夢を見ているときは、本当にぐっすり寝ているときに比べて、意識を規定している細胞が、つまり、下層の細胞が少し反応しているために、夢を見ているのではないか。

では、どの細胞が意識に対応しているのでしょうか。図３（３４９頁）にあるように、他の層につながっている神経細胞っていうのがあります。例えば四層の細胞っていうのは三層にしか、二層の細胞は一層にしかつながってないわけです。けど、第五層の大きな細胞は、他の層全部と連絡があるわけです。とすると、この五層の大きな細胞が、私たち人間の意識を規定している細胞ではないかという考えが、当然のように出てまいりました。われわれの意識を規定しているのは、大脳の五層の細胞ではないかと。この細胞は三角形なんで、錐体《すいたい》細胞と言います。

意識に関係する細胞

で、面白いんですよ。普通の神経細胞っていうのはピッと短い時間だけ自発発火しているんですが、第五層の細胞だけは、非常に長く発火するっていうことがわかった。つまり、神経を刺激すると、働く時間が非常に長いというわけです。これをバースト発火と言います。皆さんの意識って、〇・〇五秒で途切れることはないですよね。「お母さんのことを考えなさい」って言ったら、お母さんのことが一秒くらいずっと頭の中に浮かび上がっています。ということは、意識がある限り神経は働いていなきゃいけないわけです。バースト発火しないと、意識は存在しないはずなんですね。そんな細胞は、脳の中では五層にあるこの錐体細胞しかないんです。この持続的に発火するっていうことからも、五層の細胞が意識に関係する細胞ではないかということにつながり、話は何となく上手《うま》くいきますね。

皆さん、何かを意識するとき、例えば何かを見ているときには、脳の中で神経と神経がつながり合って働いていないと、見えるっていうことは起こりえないわけです。いいですね。例えば私が見えるってことは、脳の三カ所か、四カ所がつながり合っていて、その時間ずっと見えているわけですから、それらの細胞はずーっと働いているはずです。この条件を満たすのは、この五層の細胞しかないってことが現在言われています。皆さん、こういう考えは理解できますか？

なぜ小学校の先生のことだけが浮かび上がるのか

もう一回言います。今度は、小学校の先生のことを思い出してください。小学校の先生の顔が思い浮かびましたか？　例えば、十年間誰にもそんな質問されたことなかったとしたら、その間それはずっと脳の中に放ったらかされていたわけです。私が「小学校の先生」と言った途端に、小学校のあの先生の、あの声と、あの顔が思い浮かんできたわけです。それだけが。これ不思議じゃない？　脳の中には知識がいっぱいあるのに、私が「小学校の先生」って言ったら、そのことだけが浮かんできて、他のものはみんな捨て去られたわけです。お父さんの顔とか、お母さんの顔とか、学校の試験のことっていうのは、みんな捨て去られて、それだけがなぜうまく抽出されたんでしょうね。これ人間の意識の一番大事な問題です。

「小学校の先生」って私が言った途端に、何年ぶりかに、もしくは何十年ぶりかに、その先生の顔とか、声とか、学校の校舎が浮かび上がったり、人によっては先生の匂《にお》い、「臭かったな」とか、「いい匂いの女の先生だったな」とか、そういうことまでも浮かび上がってきます。でも、これらはすべて違う属性ですよね。あるものは色であり、あるものは匂いであり、あるものは音であるから、脳の違う部位が覚え込んでいたはずです。脳の異なる部位が今同時に活性化されているはずなんですね。あの声かっていうと聴覚野が、あの顔かっていうと視覚野が、あの匂いだっていうと嗅覚《きゅうかく》の関係する部位が。これが一番大事だよ。そして、何度も言うように、先生の顔が浮かび上がってくるには、それらが統一されるはずです。でも、脳の中で統一する部位があるかっていうと、そんな先生の顔なんて部位はないわけです。とすると、その意識というのは、それらが回路を結んでいるから生まれたと考えられるわけです。つまり、私たちの意識っていうのは、脳の特別な部分が同時に発火して神経が回路を結ぶっていうことなんだよね、多分。

ちょっと難しくなったけれども、わかるかな。なぜこんなことができるんだろうね。関係ない部分は発火しないで、なぜあるところだけが同時に脳の中から抽出されて、発火するんだろうということなんです。だんだん答えが見えてきましたね。

注意も意識

皆さん、注意について考えたことがありますか？ 例えば、「このビデオを見よう」って思ったとき、そのビデオに注意がいきます。そうしたら、そのビデオの出演者とか有名なシーンとか、そういうことが皆さんの意識に上るわけです。そうすると、あることに注意するっていうことは、どういうことだい？ それは、神経を同時発火させるってことだよね。ある特定のグループだけを、同時に発火させるってことが、注意ってことですね。だから、意識っていうことは、注意と絶対離れることはできないわけです。あることを意識するってことは、あることに注意を向けるってことで、ある神経細胞だけを同時に発火させるってことに他ならないわけです。じゃあ、どうやって人間はこういうことをやっているんだろうかって考えると、非常に不思議ですね。神様がやっているとしか考えられないようなことだけれども、われわれはそのメカニズムっていうのを、これから解き明かしていかなきゃいけないわけです。

先生の顔に関係する細胞だけが発火する理由

ここで、面白い考え方があるんです。これが今から解明しなきゃいけないメカニズムなんですけれども、私たちの神経っていうのは、どの第五層の神経をとっても、同じようなしくみで発火しているんです。とすると、神経と神経を、どうやって見分けているんだろうね。これも不思議じゃないですか？　私たちの脳にある何十億っていう神経は、言ってみればみんな質的に同じなんです。同じ神経なのに、なぜ「先生の顔」って言ったとき、ある特定の神経だけが選ばれて、それを回路で結ぶことができるんでしょうね。これ、不思議じゃないですか。

いいですか、神経の性質がみんな同じだとすると、他の神経は発火時間がずれているわけ。先生のこと以外の神経は発火時間がずれているから、それが意識として上がってこないんですよね。今日のご飯のこととか、試験のこととか、そういうことに関係する神経は、多分ずれているんですね。だから、意識として抽出されてこないわけです。そうすると問題は、なぜ同時にある特定の神経だけを発火させることができるかってことになりますね。難しいけど、そうだよね。あることに対して意識するとき、何十億ある神経細胞のうち、どうして三つか、四つの神経細胞だけを特別に抽出して、同じように回路を結ばせることができるかってことになるわけです。

解答は何だと思います？　この辺で普通の心理学の研究者は、もう諦《あきら》めちゃうわけです。ところが、科学者は諦めないんですね。皆さん、こういうもうどうしようもないって事態になったときに、どう対応したらいいと思います？

それは、もう一回脳の構造を見るんですよ。今まで脳にある数十億の神経は、みんな同じもんだと考えられていたわけです。ところが、きっと違うだろうと考えた人がいたんです。余計な神経はいっぱいあるけど、意識に関係する神経は非常に少ないはずだ。そして、もし脳全体をつなげているような神経があれば、それが意識に関係するって可能性は非常に強いですよね。だから、脳の神経を実際顕微鏡で観察してみて、どの神経とどの神経がつながっていて、脳全体につながっている神経はあるだろうかって調べた人がいるんです。つまり、脳の構造を見て、脳のすべての領域をつなげているものはないか、というわけです。今までこんな何十億もある神経を全部見て、どっからどこにつながっているか調べるなんて馬鹿《ばか》げたことをやった人、誰もいなかったわけです。でも、ひょっとしたらそういう神経細胞があるかもしれない。

で、それをやったのが、先ほども出てきたクリックっていう人です。クリックが亡《な》くなる前、最後に書いた本には、「私はそれを見つけた」というふうに書いてある。その場所はどこかっていうと、脳の前障っていう部分です。非常に説明しにくい場所なんですけれども、脳を真横にスパッて半分に切ると視床という部分がある。また、脳の表面は大脳皮質と呼ばれている部分で、しわがいっぱいあるわけです。そして、視床の横にある神経細胞を前障って言うんですが、この前障にある神経細胞だけは大脳皮質全部につながっているってことがわかってきたんです。

いろんな場所をつなげる細胞

大脳皮質にある神経細胞は、隣同士はつながっているけども、あまり飛び越えてつながるような方法はないわけです。ところが、この前障にある神経細胞だけは、大脳皮質のいろんな部位につながっていて、しかも、脳の奥底にある感情を規定しているような扁桃体《へんとうたい》とか、行動を規定している線条体とか、脳の内部ともつながっています。さらに、脳の外側ともつながっているってことがわかってきて、この場所が意識を規定していると考えたって不思議じゃないわけです。

これ、仮説です。でも、今まで誰も言わなかった仮説で、こういう脳の構造が、脳全体を同時発火させるような場所であってもいいはずで、その場所が意識を規定している場所かもしれないわけです。

そうすると、これ証明できますね。どうやって証明するかって、例えば、前障に異常があるような人を見つければ、その人の意識がどうなっているかっていう研究ができるわけです。今まで見つかっていない場所、誰もあまり研究していない場所で、しかも、神経細胞がいろんなところに手を出している場所っていうのが脳の中にあった。今まで神様が規定していると考えていたようなことをする場所が、実際あるかもしれない、っていうのが、意識の研究で今現在一番進んでいるところです。しかも、この前障という部分は、すべての動物にあるんです。つまり、他の動物にも意識というものはありうると、今言われているところです。

こんなことは、普通ばかばかしくて誰もやらないことなんだけども、今まで感情とか、性格の研究っていうのは、ある程度進みました。だから、その上に、意識の研究があってもいいはずで、人間はなぜこれだけ知能が発達してきたかっていうと、もちろん意識があったから発達してきたわけです。こういう最上級の問題っていうのは、どうも科学のまな板にのせられそうであると。遺伝子改変して、この前障をなくしたような動物も作れる。そういう動物ができたら、意識の研究は非常に進むわけです。

皆さん、今回の話を聞いて、意識の問題は解決できると思いますか？　この前障説っていうのが駄目だったら、やっぱり神様しか同時発火させるものをもっていないってことになります。でも、この前障説がもし正しいとすると、意識っていうのは前障で統合されているかもしれないわけです。脳のいろんな部位をまとめる場所っていうのが、ようやく見つかったわけだから、意識に対しての研究が非常に進むであろう、というふうに考えられます。

科学が明かすもの

今回の講義でおわかりのように、脳には機能分担がある。これ非常に大切なことです。脳のある一部は動きを規定して、またある一部は感情を規定してっていうふうに、機能分担があるということは皆さん納得してくれると思うんだけども、その機能分担がどうやって一つにまとまるのかってことに関しては、非常に大きな問題があるわけです。

皆さんが覚えていることは何千、何万とあるんですが、小学校の先生って言うとその顔が浮かんでくる。そのときに、要らない情報を捨て去って、特定の情報だけを取り出すのが意識なんだけども、どうやって特定のものだけを取り出しているのか。わたしの声の刺激から、どうやってその情報だけが取り出されるのかがわかるのはまだもうちょっと遠いかもしれない。だけども、ある程度は結論が出てきたっていうのが、今回のお話です。

いいですね。意識イコール神経回路であるってことを、よく覚えておいてくださいね。同時に発火している神経回路、それイコール人間の意識であって、その同時回路をどうやって発火させるかってことについては、まだちゃんと結論が出ていないっていうわけです。

僕はこういう研究を心理学の先生とかと一緒にやっていたりするんですが、なかには僕みたいな考え方が嫌いな心理学の先生もいっぱいいます。私が「夢みたいなものは解明できないでしょう」って言うと、夢のことを何年も研究してきた先生がいるわけで、「夢っていうのは確かに存在して、夢は正しい」と言う人がいるわけです。でも「じゃあ証明してください」と、「誰かがどういう夢を見たかって本当に正しいんですか」って言うと、それを証明する手だてがないわけです。ということは、夢の研究っていうのは思い込みである可能性が非常に高くて、正しいかどうかはわからないってことになりますよね。

ところが、科学っていうのは思い込みを排除して、誰もが正しいと思うようなデータから実証していかなきゃいけないわけです。そうすると、夢の研究っていうのは、科学に当てはまらないわけです。だから、みんなを納得させるような形にしなくちゃいけないので、心の研究ってなかなか難しいんです。でもそこで、もうできないって諦めてしまってはいけません。そうではなく、いかに研究をするか、どう実証していくかってことが大事なんです。

僕は多分できると思います。最終的に、皆さんが何を考えているかは、あと五十年くらいすればわかるんじゃないかと思います。そうすると、皆さんに帽子を被《かぶ》せて、「ああ、こいつはこういうこと考えているのか。十点」とか、そういうので点数が付けられるような時代が来るかもしれない。僕は来るだろうと思っているんですが、そういう考え方自体が嫌いだって人がいます。嫌いだっていうのと、できるっていうのは違うんですよ。先ほどの、ある特定の神経細胞だけを発火させているのは何か、そのメカニズムがわかれば素晴らしいと思うんですけどね。

私が考えているのは、例えば「小学校の先生を思い出してください」って聞いて思い出すまでに二秒か、三秒、時間がかかりますよね。その二秒か、三秒の間に、皆さんの脳で何が起こっているかが解明できれば、ノーベル賞もんですよ。聴覚野に入った刺激によって、今まで隠れていた知識がパッと浮き出てくるメカニズムがわかればいいわけです。ごく単純な話ですよね。そういう研究をやろうっていう人、いませんか？　それができると、皆さんが今何を考えているかとか、そういう研究も確実にできる時代が来るんじゃないかと思います。

でも、話を聞いてわかるように、睡眠の研究なんていうのは、あまり進んでいないわけです。寝ているときと起きているとき、どう違うかくらいしか、今わかっていないんです。そこから、こういう哲学的な問題にアプローチするのは、なかなか難しいかもしれません。でも、皆さん、こういう難しい問題にチャレンジしている人もいるってことを、知っておいていただけるとありがたいと思います。

生命科学というのは、最終的に私たち自身のことであり、私たち自身を客観的に知るということがいかに難しいかというメッセージを伝えることができれば嬉《うれ》しい。

Q&A 質問タイム

学生A 視覚野とか聴覚野とかは大脳皮質にあるんですか?

石　浦 そうです。神経細胞は皮質にあります。

＊

学生B 同じことを考え続けているときは、ずっとバースト発火しているんですか?

石　浦 多分そうでしょうね。でも人間で調べるには、もう少し時間がかかりそうです。

索　引

この作品は二〇〇六年四月羊土社より『生命に仕組まれた遺伝子のいたずら』というタイトルで刊行された。文庫化にあたり改題した。

東大駒場超人気講義

サルの小指《こゆび》はなぜヒトより長《なが》いのか

運命を左右する遺伝子のたくらみ

新潮文庫　い－114－1

平成二十五年九月一日発行

著者　石《いし》浦《うら》章《しょう》一《いち》

発行者　佐藤隆信

発行所　株式会社新潮社

郵便番号　一六二—八七一一
東京都新宿区矢来町七一
電話　編集部(〇三)三二六六—五四四〇
　　　読者係(〇三)三二六六—五一一一
http://www.shinchosha.co.jp

価格はカバーに表示してあります。

乱丁・落丁本は、ご面倒ですが小社読者係宛ご送付ください。送料小社負担にてお取替えいたします。

印刷・錦明印刷株式会社　製本・錦明印刷株式会社

ISBN978-4-10-127791-2　C0140